G. N. Sobirova
S. S. Rakhimkhodjaev

Estrutura, conceção e tecnologia de produção de tecidos a céu aberto

G. N. Sobirova
S. S. Rakhimkhodjaev

Estrutura, conceção e tecnologia de produção de tecidos a céu aberto

ScienciaScripts

Cover image: www.ingimage.com

This book is a translation from the original published under ISBN 978-620-7-48429-4.

Publisher:
Sciencia Scripts
is a trademark of
Dodo Books Indian Ocean Ltd. and OmniScriptum S.R.L publishing group

120 High Road, East Finchley, London, N2 9ED, United Kingdom
Str. Armeneasca 28/1, office 1, Chisinau MD-2012, Republic of Moldova, Europe
Managing Directors: Ieva Konstantinova, Victoria Ursu
info@omniscriptum.com

Printed at: see last page
ISBN: 978-620-8-37012-1

Conteúdo

Anotação

O trabalho é dedicado à estrutura, conceção e tecnologia de produção de tecidos abertos para a parte superior de palmilhas de calçado. São analisados os meios de ligação existentes. Desenvolve-se o meio leno de reduzir a tensão dos fios de stockinette no momento da transição dos olhos das galerias leno em relação aos fios de stockinette. Consideram-se os principais parâmetros que determinam a estrutura dos tecidos, obtêm-se as regularidades das alterações da densidade do tecido na teia e na trama, a altura das ondas de flexão da teia e da trama. Determinam-se as densidades máximas limitantes da urdidura e da trama para o tecido liso e o tecido cambraia. Investiga-se a influência da relação de trama, do número de transições, da densidade linear e do tipo de fios de trama, da tensão dos fios de urdidura e de trama no processamento dos fios nos tecidos aquando da construção de modelos de tramas falsamente abertas na produção de tecidos. O cálculo técnico dos tecidos é efectuado e o processo tecnológico de preparação e produção de tecidos falsamente abertos é escolhido. São efectuadas investigações físico-mecânicas das amostras produzidas de tecidos falsamente abertos. Na produção de tecidos falsamente abertos para a parte superior do calçado, recomenda-se que a rutura mínima dos fios principais seja fixada de acordo com os seguintes parâmetros óptimos: a tensão dos fios principais - 20 cN (por 1 fio); o tamanho do couro cabeludo - 15 mm; a posição do couro cabeludo em relação ao peito do pé - (+25) mm. Desenvolveu-se um algoritmo e um programa para o cálculo de tecidos de calçado de acordo com a espessura dada para as palmilhas. São investigadas as propriedades físico-mecânicas e higiénicas dos tecidos para palmilhas de calçado.

Palavras-chave: fio, urdidura, trama, tecido, parâmetros de processamento, openwork, padrão falsamente openwork.

CARACTERIZAÇÃO GERAL DO TRABALHO

Uma das tarefas mais importantes da produção moderna das empresas industriais é aumentar a sua eficiência com base na melhoria do indicador de qualidade, que determina o desenvolvimento económico e social. Ao considerar as questões da independência económica da República, a preparação para a transição para as relações de mercado, um dos problemas urgentes é a intensificação da produção, a procura de recursos internos, a transformação completa de matérias-primas em produtos acabados, a possibilidade de entrar no mercado externo. A este respeito, no futuro, a tarefa consiste não só em satisfazer as necessidades à custa da produção local, mas também em aumentar a oferta de produtos acabados do Usbequistão a outros países da CEI, bem como a países estrangeiros.

Finalidade e objectivos da investigação. O objetivo do trabalho é estudar a estrutura, a conceção e a tecnologia de produção dos tecidos a céu aberto. Para resolver a tarefa definida, está planeado:

- investigar analiticamente a estrutura das tranças falsamente abertas;
- realização de estudos tecnológicos de tecidos falsamente abertos;
- Estudo das propriedades físicas e mecânicas dos tecidos falsamente abertos;

Metodologia de investigação. Para resolver as tarefas definidas no trabalho, foi utilizado um método de investigação complexo. Na parte teórica, foram utilizados métodos geométricos para estudar a estrutura dos tecidos falsamente abertos. Na parte experimental do trabalho foram utilizados os métodos de planeamento matemático e de análise dos resultados. O tratamento dos resultados experimentais foi efectuado pelo método da estatística matemática. Na parte tecnológica foi utilizado o tear moderno "Super Excel" da empresa "Somet", aparelhos do centro de certificação CENTEXUZ TITLP.

Novidade científica do trabalho. Na realização do trabalho teórico, estudos experimentais e tecnológicos efectuados pelos autores:

- Foram determinadas as dependências da resistência do tecido da teia e da trama, das alturas de dobragem da teia e da trama em relação ao rácio dos diâmetros dos fios em tecidos falsamente abertos;
- São reveladas as densidades limite de tecido na teia e na trama de tecidos falsamente abertos;
- É proposto um cálculo analítico do processamento dos fios de teia e de trama, tendo em conta o número de transições de cada fio em vez da média das transições;
- Foram concebidos e desenvolvidos tecidos com trama falsamente aberta;
- Foi investigada a influência do tipo e da densidade linear da trama, da urdidura e da tensão da trama no acabamento e na tensão de produção de tranças

falsamente abertas;

- propriedades físicas e mecânicas definidas dos tecidos falsamente abertos

tece.

Valor prático do trabalho. Amostras de tecidos de tramas falsamente abertas, que têm uma boa aparência, boa permeabilidade ao ar, têm uma rara combinação de propriedades estético-higiénicas e físico-mecânicas, que podem ser recomendadas para usar estes tecidos para vestuário. Desenvolve-se a tecnologia de produção e cálculo técnico de tecidos falsamente abertos com base em matérias-primas locais (algodão), o que permitirá introduzir os resultados do trabalho na indústria e resolver o problema da produção de tecidos para calçado de tecidos falsamente abertos, que são muito procurados na república. Para além disso, o método de cálculo do processamento do fio pode ser utilizado no processo educativo ao estudar a estrutura e o design dos tecidos.

Conteúdo do trabalho

A introdução fundamenta a relevância do tema, formula a finalidade, os objectivos do estudo, mostra a novidade científica e o significado prático do trabalho, a metodologia, a investigação e a aprovação do trabalho.

No primeiro capítulo, é feita uma revisão das fontes bibliográficas dedicadas à conceção e aos mecanismos de formação dos tecidos openwork e falsamente openwork. A conveniência de obter tecidos que imitam os tecidos openwork é fundamentada. O objetivo e as tarefas da investigação são apresentados. Os tecidos de ponto leno têm uma maior resistência ao deslizamento do que os tecidos de ponto liso. A razão para este facto é o maior número de pontos de cruzamento dos fios e os maiores ângulos de cobertura dos fios uns pelos outros. Se os tecidos lisos e os tecidos lenos tiverem a mesma densidade de fios, tensão de fios e coeficiente de atrito, a resistência ao deslizamento do tecido leno é 1,7 vezes superior.

Este facto permite uma redução de 30 % do consumo de material e um aumento de 40 % da produtividade. As cores dos fios de trama dominam e as cores da teia são ocultas, o que permite produzir tecidos diferentes com a mesma teia, mudando a trama ou alterando o efeito da trama. A técnica de tecelagem leno aproveita ao máximo as vantagens, como o manuseamento suave do fio, a facilidade de utilização, a limpeza, a facilidade de domínio, bem como as mudanças rápidas de artigo. Graças a duas tensões diferentes, forma-se um novo tipo de tecido. Os fios de teia são cruzados no lado errado para aumentar a densidade da trama e, graças à alteração da geometria, o tecido tem um novo e interessante aspeto. Ao substituir os fios entrelaçados por fios finos, é possível desenvolver construções de tecido com as mesmas propriedades em ambos os lados. Os fios de enchimento podem estar tão próximos uns dos outros que o fator de densidade pode atingir 100 %. O lado da frente parece um tecido de trama simples. Além disso, a resistência aumenta em mais de 20% e as caraterísticas de alongamento são significativamente melhoradas. Vantagens: em primeiro lugar, novos tecidos de dupla face; em segundo lugar, redução do alongamento do tecido (os fios de trama e de teia estão dispostos em linha reta); em terceiro lugar, maior grau de densidade e cores vivas; em quarto lugar, uma superfície com relevo devido à utilização de fios com diferentes densidades lineares; em quinto lugar, o ajuste de diferentes densidades permite obter uma estrutura de malha e riscas de alta densidade. Permite a produção de tecidos com densidades variáveis, porque a trama não é processada devido à construção do tecido. Para todas as densidades, um rolo de torção com dois anéis de agulhas é suficiente para guiar o tecido. Para a produção de todos os tipos de tecidos de leno weave - desde cortinas leves até aos tecidos mais pesados. Permite o desenvolvimento de novos tecidos para fins domésticos e técnicos. São oferecidas soluções interessantes no domínio da produção de suportes para tapetes, bem como um novo revestimento têxtil para pavimentos que pode ser produzido num único processo tecnológico. A produção de tecidos de linho está a tornar-se mais flexível, os fabricantes de cortinas podem produzir tecidos de linho e tecidos lisos nas mesmas paredes. O design artístico é quase ilimitado - são possíveis tecidos decorativos e de vestuário com riscas longitudinais de fios de teia em ponto liso. Vestuário: superfícies como tecidos lisos e de cetim com uma certa respirabilidade numa variedade de cores de elevada saturação. As combinações podem ser feitas numa base padrão, exclusivamente através da seleção de cores e densidade de trama variável, por exemplo, para tecidos de camisas, tecidos decorativos. Redução do consumo global de material para tecidos de mobiliário em comparação com os tecidos de cetim clássicos, com melhor poder de cobertura e a mesma resistência ao rasgamento. Também adequado para tecidos para cortinados devido ao elevado brilho da cor. Tecidos para mobiliário: superfície não escorregadia em relevo para uma melhor circulação do ar devido à diferente densidade linear dos fios de teia. Boa deformabilidade devido aos fios elásticos da teia. Têxteis técnicos. Densidade de urdidura constante em toda a largura do tecido Densidade de trama variável Malhas grossas ou finas Alta resistência são factores decisivos na produção de tecidos para coberturas de tendas e todos os tipos de tecidos de vidro. Tapetes. Estrutura de superfície aveludada com endurecimento ótimo, leve, amiga do ambiente e produzida num único processo de produção. Dos tecidos convencionais aos tecidos de trama leno. O exemplo de um tecido para mobiliário mostra os aspectos económicos e compara as propriedades de um tecido leno primário com as de um tecido convencional. Neste caso, o aumento da produtividade atinge 125 % e o consumo de material é reduzido em 28 % com as mesmas ou melhores propriedades do produto. Os tecidos que apresentam um efeito de rede aberta na superfície, obtido através do entrelaçamento de fios de teia de um sistema com fios de outro sistema, são designados por leno ou rede aberta. Os efeitos a céu aberto podem estar localizados no tecido a toda a largura do tecido e sob a forma de riscas individuais, quadrados, xadrez, etc. A particularidade é que, durante o processo de tecelagem, um sistema de urdidura (leno) é enrolado à direita e à esquerda em relação ao outro sistema de urdidura (stockinette). No tear, o fio de stockinette **C** tem uma tensão de enchimento duas a três vezes superior à do fio leno **P**. Isto destina-se a obter uma trama clara, limpa e igual durante a trama para cada rotação do tear principal. A formação da trama leno no tecido é mostrada na Fig. 1.1.

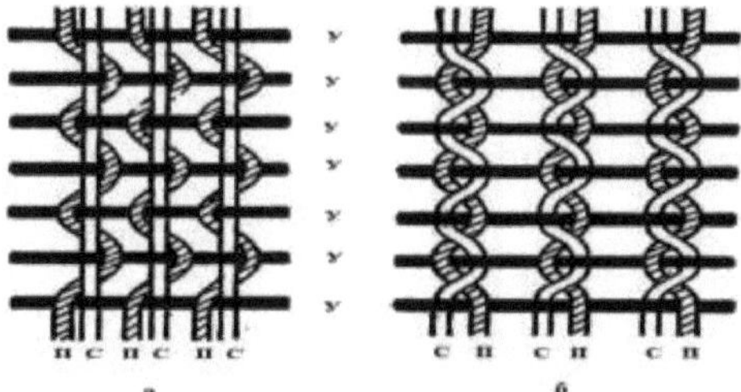

Fig. 1.1 Localização dos fios de urdidura **C** e **P** no tecido, **a - localização** dos fios de urdidura **C** e **P** no tecido diretamente no tear, **b** - localização dos fios de urdidura **C** e **P** no tecido depois de retirado do tear. **C - fio de meia**, **P - fio leno**, U - fio **de enchimento**.

No tear, os fios de enchimento **C** têm uma tensão de enchimento elevada e os fios de leno **P** uma tensão mínima, pelo que é aconselhável utilizar um meio para regular a tensão do fio de enchimento **C** e do fio de leno **P** independentemente um do outro. O enrolamento da linha de enchimento com roscas leno é efectuado por dispositivos leno especiais. Vejamos algumas variedades de dispositivos de atar.

O primeiro dispositivo leno é ilustrado na Fig. 2.4, em que os laços 1, 2 e Z dos quadros leno estão ligados ao olhal G, no qual está inserido o fio leno P.

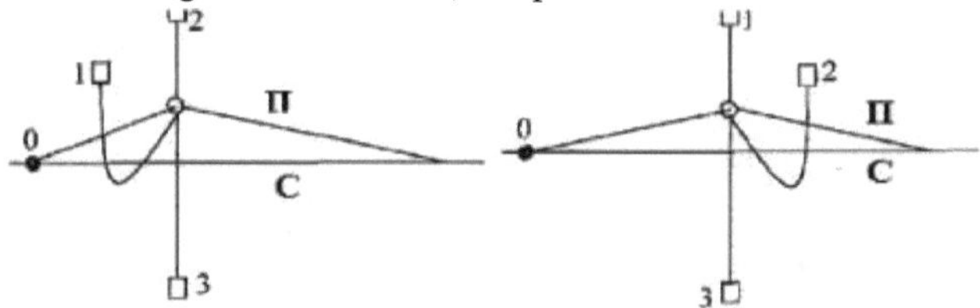

Primeira faringeSegunda faringe

Fig. 1.2. Fixação do tear na máquina de tecer.

Na primeira montagem da trama (primeira manga), a laçada 2 é levantada e o fio leno **P é** levantado juntamente com ela no lado esquerdo da teia **C,** enquanto a laçada 1 é baixada. Com o segundo fio de enchimento (segunda passagem), levanta-se o laço 1 e, com ele, o fio leno **P** do lado direito da teia em stockinette C, e baixa-se o laço 2. O laço 3 serve para o movimento correto dos laços 1 e 2. No segundo tipo de dispositivos (Fig. 1.2), o fio de meia **C** é enfiado através do olhal da galeva da remizki de meia 1, e a galevo flexível (laços) com o olhal G que transporta o fio leno e cobre o fio de meia **C** e está ligada às remizki leno 2 e 3. No primeiro enfiamento da trama (a primeira cala), o leno 2, movendo-se para cima, posiciona o laço com o olho e, juntamente com ele, o fio leno P no lado esquerdo do fio de meia C. O fio de enchimento, colocado na calha e pregado no bordo do tecido, fixa os fios de urdidura da leno e da meia nesta posição. Na segunda rotação do eixo principal (mudança de galpão), o laçador 3, movendo-se para cima, posicionará o ilhó com o laço e, consequentemente, o fio leno no lado direito do fio de urdidura C.

A Fig. 1.4 mostra o terceiro tipo de ligaduras

Um par de ligaduras, em que os fios de reserva **C são** enfiados através dos olhos do arnês 1, e os fios leno **P** através dos olhos do arnês 2 e num par leno constituído por uma asa 3 e uma meia asa 4. A asa 5 é uma remizka vulgar no olho do arnês, que é atravessado por laçadas flexíveis (de fio torcido ou de monofilamento) da meia asa. Aquando da primeira desfolhada, o fio leno **P posiciona-se** à esquerda do fio de reserva **C**, devido ao levantamento do fio leno 2 e da asa 4, enquanto a asa 3 e o fio de reserva 1 são baixados.

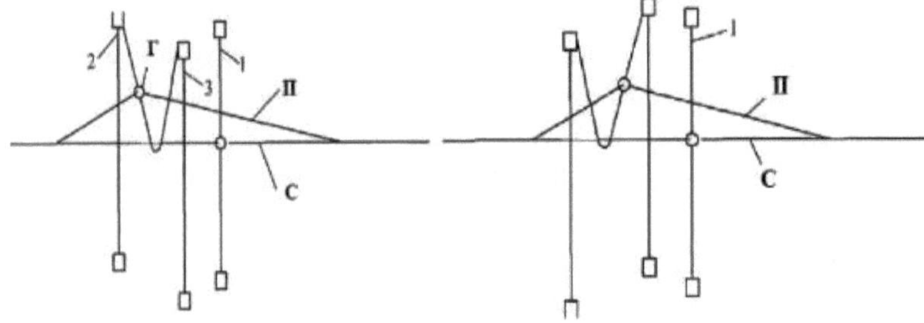

Primeira faringeSegunda faringe

Fig. 1.3. Dispositivos de amarração no tear.

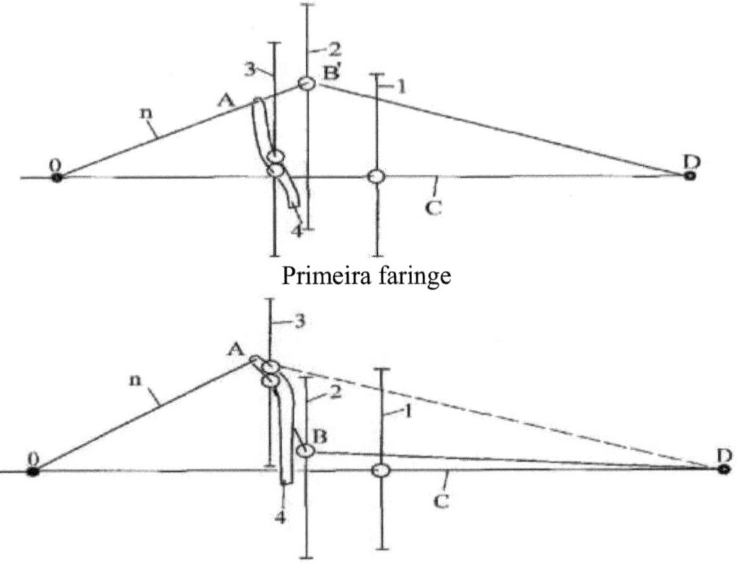

Segunda faringe

Fig. 1.4. Dispositivos de amarração no tear.

No segundo galpão (segundo afundamento), a linha leno **P é posicionada** à direita da linha de estoque **C**, levantando a asa 3 e a meia asa 4, enquanto o enfiador leno 2 e o enfiador de estoque 1 são abaixados. Como se pode ver, em cada rotação do eixo principal da máquina, a meia asa está na posição superior e o feixe 1 na posição inferior. A formação da primeira calha não provoca uma tensão elevada dos fios de leno P, porque o tear de leno 2 e a meia asa 4 estão no topo com a geometria do enchimento do fio de leno OAD. A formação da segunda manga provoca uma grande tensão nos fios da linha, uma vez que a asa 3 e a meia asa 4 estão na posição para cima e o tear 2 está na posição para baixo, o que altera a geometria de enchimento da manga do DAO. Os métodos seguintes são utilizados para compensar um comprimento de fio igual a (AB+BD-AD):

1. A instalação de um escalo adicional forçado - oscilante para a teia leno, que solta a teia leno quando um segundo galpão é formado.
2. Rodar a leno com a base da leno num pequeno ângulo adicional quando a segunda calha estiver formada.
3. Instalação de uma galga adicional (de compensação), na qual os fios leno são inseridos na galeva, que solta os fios leno da teia quando se forma uma segunda galga. Na produção de tecidos leno, com exceção das galgas flexíveis (com fios), utilizam-se galgas rígidas (metálicas, plásticas). A figura 1.5 mostra uma galeva metálica com um olhal na parte superior da galeva, na qual **é** enfiado o fio de meia **C**, com a superfície exterior da galeva em contacto com o fio de leno **P**. Ao baixar a asa esquerda 2, o fio de leno **P** desce e fica situado à esquerda do fio de meia **C**. Ao baixar a asa direita 3, o fio de leno **P desce** e fica situado à direita do fio de meia **C.**

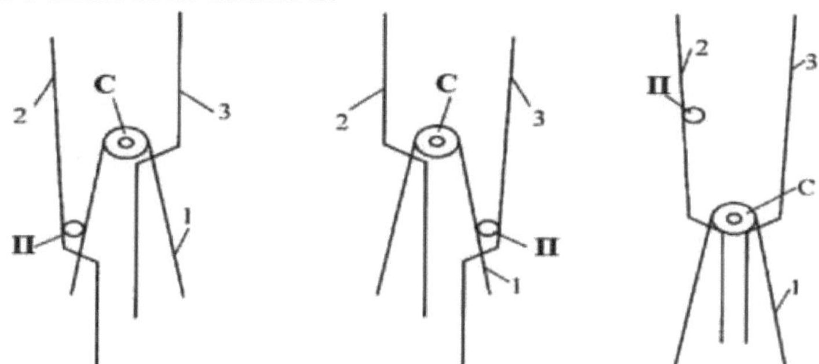

Fig. 1.5 Os dispositivos de leno no tear.

As galés rígidas ocupam mais espaço do que as galés flexíveis (galés roscadas), no processo de formação do leno, os fios do leno podem ficar presos, o que leva a um aumento da quebra do fio. Neste artigo, foi desenvolvido um sistema para a produção de leno para a produção de tecidos em teares modernos. A Fig. 1.6 mostra um diagrama esquemático do mecanismo e a Fig. 1.7 mostra a posição das lâminas em diferentes fases. No eixo 1 estão montadas as cames 2, que entram em contacto com os rolos localizados numa alavanca de três braços 4. As alavancas 4 estão ligadas às ripas de ligadura 10 (101) através de elos 5, alavancas de dois ombros 6 (61), hastes 7, alavancas angulares 8, hastes 9. Cada galewo 11, com um fio de leno 12 nos olhos, está ligado pelas suas extremidades aos suportes superiores dos galewo das ligaduras 10 e 101. A rosca de mullion 13 passa sobre o galev 12 e é enfiada através do olho do galev 14 pelo remise de mullion 15. A cremalheira 15 está ligada respetivamente ao braço duplo 16 através das hastes 9, das alavancas angulares 8 e da haste 7. Os meios de deslocação do remetente 15 na posição de remate têm a forma de um dedo 17 e de uma mola 18. O dedo 17 assenta rigidamente na alavanca 16 e está em contacto com os ombros das alavancas 6 (61) das barras de ligadura 10 (101). A mola 18 está ligada, numa extremidade, à cavilha 17 e, na outra extremidade, está fixada à estrutura do tear. Ao reposicionar a cavilha 17 no orifício 19 da alavanca 16, altera-se a quantidade de movimento das lâminas 15 da linha de corte para a posição mais baixa. Além disso, a cavilha 17 está montada excentricamente na alavanca 16 (não ilustrada na figura). Isto permite ajustar a posição dos fios do maço em relação à trama durante o seu movimento através do galpão. O comprimento do braço vertical da alavanca 4 regula a quantidade de movimento dos fios 10 e 101. O mecanismo de formação de guinada funciona da seguinte forma. As excêntricas 2, em rotação, transferem o movimento através das alavancas 4, hastes 5, alavancas 6 (61), hastes 7, alavancas 8, hastes 9 para as amarrações 10 (101). As amarrações 10 e 101 funcionam em modo de trama simples. O movimento da ripa de carga 15 é recebido das alavancas 6 (61) através da cavilha 17, da mola 8, da alavanca 16 e das ligações correspondentes 7, 8, 9. O carácter do movimento da grade de pé 15 é o seguinte - posição inicial (inferior), movimento para a linha de corte e movimento para a posição inicial (inferior). Até à linha de corte, a leno-guia 101 conduz a leno-guia 15 (posição 1 na Fig.) rodando a alavanca 61 no sentido dos ponteiros do relógio, no mesmo sentido em que a alavanca 16 é rodada através da cavilha 17 e da mola 18. Na posição II, os olhos dos olhais 11 e 14 das amarrações 10, 101 e 15 estão na linha de engate, respetivamente, neste momento estão no mesmo plano da alavanca 6, 61 e 16. Continuando o seu movimento no sentido dos ponteiros do relógio, a alavanca 61 afasta-se da cavilha 17. Ao mesmo tempo, a alavanca 6, rodando no sentido contrário ao dos ponteiros do relógio, conduz a alavanca 16 na mesma direção através do pino 17, ao mesmo tempo que a mola 18 é esticada. Por conseguinte, as lâminas 10 e 15 são colocadas na posição inferior (posição III).

Para formar os tecidos abertos, os fios de leno 12 são dispostos à esquerda (posição I) e à direita (posição III) em relação ao fio de stock 13. Ao deslocar o enfiador de meias 15 para a posição de pontuação (posição II), as condições para a transição dos olhos das linhas leno 12 em relação às linhas de meia 13 são melhoradas. Para além disso, a deformação das leno-roscas 12 é reduzida, devido à redução do movimento das leno- barras 10 e 101 (redução da altura da calha). Além disso, o mecanismo proposto é de fácil manutenção e de conceção simples, uma vez que exclui as opções de utilização de um acionamento adicional para o tear de reserva. Para produzir tecidos lenos com um máximo de 12 fios por 1 cm, são utilizadas máquinas especiais, nas quais as galgas do tear de reserva e do tear leno (remizki) são substituídas por barras com agulhas, que efectuam um movimento lateral para formar um leno e, em seguida, em altura para formar um galpão. Os tecidos de leno são produzidos a partir de fios e linhas de diferentes tipos de densidade linear, combinações de tipos e cores. São utilizados para o fabrico de vestidos, blusas, cortinas, peneiras, filtros e outros produtos, bem como de leno-tecidos

são utilizadas para fixar os bordos do tecido nos teares.

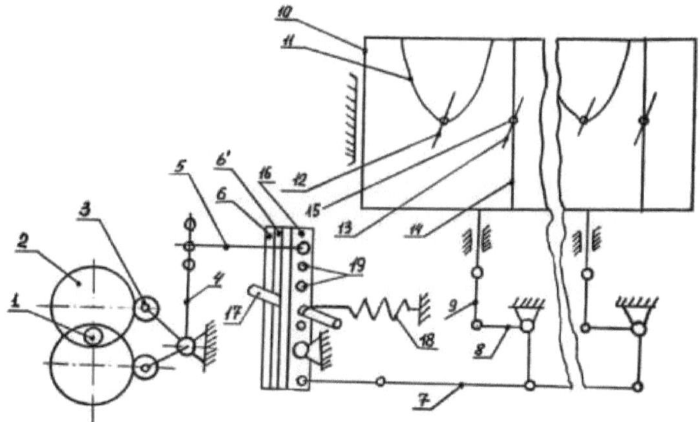

Fig. 1.6. Dispositivos de amarração no tear.

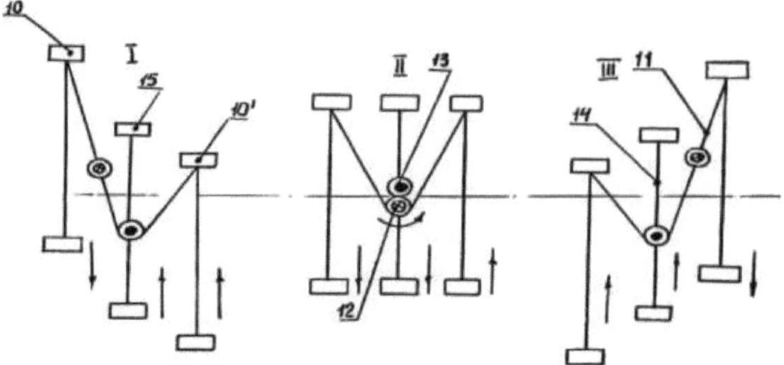

Fig. 1.7 Posição do remise em diferentes fases.

Os tecidos de ponto leno requerem equipamento especial (peças do tear), preparação (dispositivos de navegação adicionais) e mecanismos de compensação (tensão e alimentação do fio leno), etc., o que dificulta a sua produção. Por conseguinte, é conveniente produzir estes tecidos nos teares imitando os tecidos abertos (leno) em detrimento dos tecidos falsamente abertos (falsamente leno). Os tecidos falsos lenos, sendo os mais simples em termos de método de produção e sem qualquer entrelaçamento dos fios principais, dão a impressão de leno. Existem dois tipos de falsos tecidos leno: os falsos tecidos lenos lisos e os falsos tecidos lenos figurados.

A primeira imita o tecido leno liso, criando buracos de passagem nas zonas do leno. A segunda imita o tecido leno com formas, que cria padrões semelhantes a bordados sob a forma de fios principais em ziguezague na superfície frontal do tecido.

a utilização de tecidos especiais. Para os fios principais dos tecidos de leno falso, que criam o efeito, utilizam-se sobretudo fios de algodão, tais como fios de cor clara, branqueados e coloridos, torcidos em vários fios de baixo número.

Tecidos lenos falsos lisos. Estes tecidos apresentam aberturas translúcidas que passam através dos fios, porque certos grupos de fios principais e de fios de trama são afastados uns dos outros para formar aberturas longitudinais e transversais entre eles. O deslizamento destes grupos de fios deve-se ao facto de os fios principais e de trama mais exteriores de cada grupo terem uma trama oposta. Consequentemente, ao entrelaçar os fios principais de cada grupo, que se entrelaçam de forma diferente, os grupos são afastados pelos fios de trama no sentido longitudinal; ao entrelaçar os fios de trama de cada grupo, que se entrelaçam de forma diferente, os grupos são afastados pelos fios principais no sentido transversal; juntamente com isto, os fios principais no sentido transversal; juntamente com isto, os fios principais e de trama de cada grupo, em resultado do seu entrelaçamento, são facilmente deslocados para perto uns dos outros; o entrelaçamento dos fios de cada grupo como um todo - completamente diferente do entrelaçamento dos fios principais e de trama de cada grupo. Muitos falsos tecidos leno são construídos de acordo com o princípio da combinação da trama de bombazina com o tecido; por conseguinte, devido ao facto estabelecido de os tecidos com trama de bombazina necessitarem de uma densidade mais elevada em comparação com os tecidos de outras tramas, os intervalos entre os grupos de fios aumentam devido à densidade insuficiente dos elementos de bombazina nos tecidos de falsos tecidos leno. A imitação de tecelagem leno moldada com efeitos sob a forma de fios principais ondulados é conseguida pelo facto de uma parte do padrão de tecelagem com um grande número de pontos de cruzamento (quase sempre um pano) alternar com outra parte do padrão de tecelagem com fios soltos - sem entrelaçamento. Consequentemente, os fios principais correspondentes, com uma trama simples de um lado e uma trama livre do outro, tendem a mover-se na direção da trama, estando dispostos de forma ondulada nesta secção do tecido. Os falsos tecidos leno figurativos também se obtêm utilizando os fios principais torcidos em vários fios com um grande coeficiente de torção, e ordinários (apenas fiados); neste caso, esses e outros fios têm um sentido de torção diferente. Por exemplo, juntamente com os fios simples comuns de torção à direita, existem fios torcidos de torção à esquerda, que permanecem entrelaçados por uma longa distância, pelo que assumem posições diferentes na superfície do tecido.

O capítulo 2 trata da estrutura dos tecidos falsamente abertos e dos factores que determinam a estrutura dos tecidos. A estrutura de um tecido é geralmente entendida como a disposição mútua dos fios de teia e de trama no tecido devido à sua interação. As forças de interação entre os fios do tecido são criadas no processo da sua formação no tear e determinam a disposição mútua dos fios no tecido. A disposição mútua dos fios no tecido depende de muitos factores: o tipo de matéria-prima utilizada; o diâmetro dos fios da teia e da trama e a sua relação; as densidades da teia e da trama e a sua relação; o tipo de trama no tecido; a tensão dos fios da teia e da trama e a relação de tensão; os parâmetros tecnológicos 12

Confeção e produção de tecidos. O tipo de matérias-primas para o tecido concebido é selecionado tendo em conta a finalidade do tecido e os requisitos que lhe são aplicáveis. As propriedades dos fios utilizados na teia e na trama determinam em grande medida as propriedades do tecido fabricado a partir deles. Uma alteração do tipo de matéria-prima em, pelo menos, um sistema de fios na teia ou na trama do tecido tem um impacto significativo nos parâmetros tecnológicos da sua produção, na estrutura do tecido e nas suas propriedades. Os diâmetros dos fios de teia e de trama utilizados na produção de tecidos têm uma influência significativa nos parâmetros tecnológicos da produção de tecidos, na sua estrutura e nas suas propriedades. Ao conceber um tecido, os diâmetros dos fios são determinados em função do objetivo do tecido e dos requisitos que lhe são impostos. O aumento do diâmetro dos fios de trama aumenta a

carga de rutura

e o alongamento do tecido no sentido da trama, o trabalho dos fios principais e reduz o trabalho da trama. Consequentemente, a relação entre os diâmetros dos fios de teia e de trama tem uma grande influência nos parâmetros, na estrutura e nas propriedades do tecido. As densidades da teia e da trama e as suas proporções têm uma grande influência na estrutura e nas propriedades dos tecidos. A alteração da densidade do tecido por trama, mantendo-se os outros factores iguais, provoca a alteração dos parâmetros tecnológicos de produção, da estrutura e das propriedades do tecido. Em particular, um aumento da densidade da trama do tecido leva a um aumento da tensão da urdidura e do trabalho do fio.

diminuição do processamento dos fios de teia e da largura do tecido.

As densidades da teia e da trama dependem do diâmetro dos fios utilizados e do tipo de trama dos fios do tecido. A densidade máxima possível dos tecidos de ponto liso é inferior à de qualquer outra trama do tecido (bombazina, rayon, sarja, cetim, etc.). Os tecidos com as densidades de teia e de trama mais elevadas possíveis são muito difíceis de tecer no tear. A maior parte dos tecidos produzidos tem uma densidade de um ou de ambos os sistemas de fios inferior à máxima. Por conseguinte, a relação entre a densidade real do tecido e a densidade máxima caracteriza o enchimento do tecido com material fibroso, ou seja, a tensão da produção do tecido no tear. O tipo de tecelagem tem uma grande influência na estrutura e nas propriedades do tecido. Em particular, os tecidos de ponto liso têm uma carga de rutura e um trabalho do fio de urdidura e de trama mais elevados do que os tecidos de outros tipos de trama (bombazina, rep, sarja, cetim, etc.), e o trabalho do tecido (ponto liso) é acompanhado de uma tensão mais elevada. Entre os parâmetros tecnológicos que têm uma influência significativa na estrutura e nas propriedades do tecido encontram-se a tensão dos fios principais e de trama e as suas proporções, que alteram a disposição dos fios no tecido e, por conseguinte, o funcionamento dos fios no tecido, a carga de tração do tecido. Um outro parâmetro principal da preparação da máquina é o valor do remate, que determina o valor da tensão de urdidura adicional no momento da formação do tecido (surf). À medida que o contraforte aumenta, a tensão dos fios de teia no momento da superfície aumenta, o que leva a uma mudança na estrutura do tecido, na densidade, a uma mudança na fabricação dos fios no tecido, na carga de tração e no alongamento do tecido. Consequentemente, com a alteração da tensão de enchimento e a quantidade de pontuação da máquina, a estrutura e as propriedades dos tecidos podem ser alteradas. Além disso, a estrutura e as propriedades dos tecidos são influenciadas pela posição do escalo, a altura e a profundidade do galpão, a posição da longarina, etc. Consequentemente, todos os parâmetros acima referidos determinam, em conjunto, a estrutura de um tecido com a correspondente disposição dos fios de ambos os sistemas. A estrutura do tecido determina igualmente as suas propriedades físicas e mecânicas: resistência, alongamento, rigidez, drapeabilidade, propriedades higroscópicas, de proteção térmica e outras. $_{oy}$A disposição mútua dos fios de teia e de trama num tecido é determinada pela sua curvatura, nomeadamente, pela altura da onda de curvatura da teia (h) e da trama ($\boldsymbol{h}$) e, respetivamente, pelo comprimento da sua meia onda (l_o e l_y). A altura da onda de flexão é a distância entre os níveis dos fios do mesmo sistema no plano vertical na sobreposição da teia e da trama. O comprimento da meia onda e da trama num tecido de uma só camada ou numa camada de um tecido multicamadas é determinado pela distância correspondente entre dois fios vizinhos do sistema oposto no sistema nas suas intersecções.

Uma das principais questões da estrutura do tecido é determinar a altura das ondas de flexão dos fios de teia e de trama no tecido e encontrar a dependência analítica entre as alturas das ondas, os comprimentos de meia onda, os diâmetros dos fios de teia e de trama, bem como a densidade do tecido para ambos os sistemas de fios, o que nos permitirá abordar o projeto de engenharia dos tecidos. $_y$Esta dependência analítica para o estudo da estrutura do tecido é realizada nos trabalhos, onde são feitas algumas suposições, o tecido de trama simples, em que os fios de urdidura e de trama têm diâmetros iguais: $d_o = dy = 2r$, ou seja, $d_o : d = 1:1$, os fios do tecido mantêm uma forma cilíndrica e não alteram as suas dimensões no processo de formação do tecido no tear. A Fig. 2.1 mostra um diagrama da disposição mútua dos fios de teia e de trama em diferentes ordens da fase de construção.

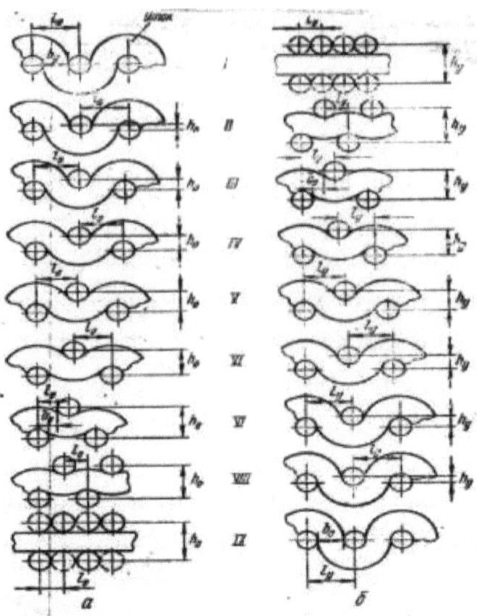

Fig. 2.1. Esquemas da disposição mútua dos fios de teia e de trama em diferentes ordens da fase de construção: a - secção ao longo do fio de trama; b - secção ao longo dos fios de teia

$_{oy}$A partir da figura 2.1, conclui-se que os fios principais estão dispostos no tecido em linha reta e que os fios de trama se dobram em torno dos fios principais, que a altura da onda de flexão da trama é máxima $h_y = max$ e que a altura da onda de flexão da teia é 0 (ver figura 2.1, posição *I*), que os fios de trama estão dispostos no tecido em linha reta e que os fios principais se dobram em torno dos fios de trama e que têm uma flexão máxima, ou seja, $\boldsymbol{h} = max$, $\boldsymbol{h} = 0$ (ver figura 2.1, posição *IX*). Em ($d_o = d_y$), cada ordem da fase de construção difere da ordem anterior e da seguinte, deslocando os fios no plano vertical em metade do raio do fio. Por exemplo, na primeira ordem da fase de construção $h_o=0$, $h_y=4r$, e na segunda ordem da fase de construção $h_o=0,5r$, $h_y=3,5r$. O tecido da quinta ordem da fase de estruturação tem $h_o=h_y=2r$. A propriedade geométrica básica de um tecido de camada única: a soma das alturas das ondas de flexão dos fios da teia e da trama no tecido é um valor constante igual à soma dos diâmetros dos fios, ou seja, a soma dos diâmetros dos fios.

$$h_o + h_y = d_o + d_y = const$$

Se a altura da onda de flexão dos filamentos de um sistema diminuir, a altura da onda de flexão dos filamentos do outro sistema aumenta na mesma proporção.

$_{y}$A distância entre os centros de dois fios vizinhos (l_o e l_y) numa tecelagem plana determina a densidade geométrica do tecido, que é o inverso da densidade tecnológica da teia e da trama (P_o e $\boldsymbol{P}$). Pela sua definição, a densidade geométrica é idêntica ao meio comprimento de onda da dobra do fio do sistema oposto. Assim, para um tecido liso: $l_o = 100 : P_o$ e $l_y = 100 : P_y$. Como se pode ver no esquema da Fig. 2.1, com a mudança da ordem das fases da estrutura do tecido de I para IX na densidade tecnológica máxima possível, a distância entre os fios da teia, ou seja, a densidade geométrica da teia (l_o) diminui, enquanto a distância entre os fios da trama, ou seja, a densidade geométrica da trama (l_y), aumenta. Por conseguinte, se todas as outras condições forem iguais e $d_o = d_y$, os tecidos das ordens I a IV da fase de construção têm uma densidade tecnológica mais elevada na trama do que na teia. Para o tecido da ordem V da fase de construção, $P_o = P_y$, e para as outras ordens da fase de construção, o tecido deve ter uma maior densidade tecnológica na trama do que na teia. Para analisar a estrutura do tecido de qualquer trama com uma relação diferente entre os diâmetros da teia e da trama, é necessário derivar a propriedade geométrica básica da estrutura do tecido através do diâmetro médio do fio

$h_o + h_y - d_o + d_y = 2d_{cp}$, *(2.1)* em que d_o e d_y *são os* diâmetros efectivos do fio e do tecido;

$_{cp}d$ - diâmetro médio efetivo do fio no tecido;

$$d_o + d_y / 2 = d_{cp},$$

Neste caso, a definição aceite da mudança da ordem da fase da estrutura do tecido através do raio do fio é substituída pelo seu diâmetro médio. Dependendo da ordem da fase da estrutura do tecido, as alturas das ondas de flexão do fio que mantêm a forma cilíndrica no tecido podem ser determinadas pelas fórmulas:

$$h_o = K_{ho} d_{cp}, \quad (2.2)$$

$$h_y = K_{hy} d_{cp}, \quad (2.3)$$

em que; K_{ho} e K_{hy} são os coeficientes que têm em conta a alteração da altura das ondas de flexão dos fios de teia e de trama no tecido, dependendo da ordem da fase da sua estrutura,

$_{oy}$Substituindo os valores de ***h*** e ***h*** na fórmula *(2.1),* temos

$$K d + K d = 2d_{ho\ cp\ hy\ cp\ cp}$$

Assim, obtém-se a posição básica de que a soma dos coeficientes que determinam as alturas das ondas de flexão do fio para qualquer ordem da fase da estrutura do tecido é um valor constante igual a dois: $K_{ho} + K_{hy} = 2$. Quando a estrutura do tecido muda em uma ordem, os coeficientes mudam em 0,25; o valor de um coeficiente diminui em 0,25 e o valor do outro aumenta na mesma quantidade. $_{hohy\ cp}$Para a primeira ordem da fase de estruturação $\boldsymbol{K} = 0$, e $\boldsymbol{K} = 2$, respetivamente e $h_o = 0$, $h_y = 2d_{cp}$, Para a *V* ordem da fase de estruturação $K_{ho} = K_{hy} = 1$ e $h_o = h_y = \boldsymbol{d}$. $_{ycp}$Para a IX ordem $K_{ho} = 2$, $K_{ho} = 0$ e $K_h = 0$ e $h_o = 2d$, $h_y = 0$. $_{cp}$Ao passar de uma ordem para a seguinte, a altura da onda de flexão da teia aumenta 0,25 ***d e*** a altura da onda de flexão da trama diminui na mesma proporção.

pelo coeficiente $K_h = K_{ho} : K_{hy} = h_o : h_y$, (2.4)

A Tabela 2.1 apresenta os dados que mostram a alteração dos coeficientes K_{ho} e K_{hy}, das alturas das ondas de flexão da teia e da trama aquando da alteração da fase da estrutura do tecido,

Tabela 2.1.

Variação dos coeficientes e das alturas de onda dos fios de dobragem da teia e da trama em fase de mudança da estrutura do tecido,

Ordem das fases	K_{ho}	K_{hy}	h_o	h_y	Coeficiente do rácio da altura das ondas de flexão K_h
I	*0*	2	0	$2 d_{cp}$	0
II	0,25	1,75	0,25 d_{cp}	1,75 d_{cp}	0,143
III	0,5	1,5	0,5 d_{cp}	$1,5 d_{cp}$	0,333
IV	0,75	1,25	0,75 d_{cp}	1,25 d_{cp}	0,6
V	1,0	1,0	d_{cp}	d_{cp}	1,0
VI	1,25	0,75	1,25 d_{cp}	0,75 d_{cp}	1,66
VII	1,5	0,5	1,5 d_{cp}	0,5 d_{cp}	3,0
VIII	1,75	0,25	1,75 d_{cp}	0,25 d_{cp}	7,0
IX	2	0	$2 d_{cp}$	0	sim

Para um tecido plano maximamente compacto e qualquer ordem de fase de construção, a distância entre os fios de teia e de trama vizinhos (densidade geométrica do tecido) determina o meio comprimento de onda do fio de flexão do sistema oposto:

$$l_o = \sqrt{(do + dy)^2 - h_o^2} = \sqrt{4d_{cp}^2 - K_{ho}^2 d_{cp}^2} = d_{cp}\sqrt{4 - K_{ho}^2},$$

$$l_y = \sqrt{(do + dy)^2 - h_y^2} = \sqrt{4d_{cp}^2 - K_{hy}^2 d_{cp}^2} = d_{cp}\sqrt{4 - K_{hy}^2}.$$

Coeficientes que determinam as alturas das ondas de flexão dos fios da teia e da trama

no tecido, caracterizam a ordem da fase da sua estrutura. Os coeficientes podem ter qualquer valor intermédio. O valor numérico da ordem de fase da estrutura pode ser expresso através dos coeficientes de altura das ondas de flexão: $F = 4 K_{ho} + 1$ ou $F = 9 - 4 K_{ho}$, uma vez que $K_{ho} K_{hy} = K_h + K_{hy} = 2$, então $K_{ho} = 2 K_h / K_h + 1$, $K_{hy} = 2 / K_h + 1$, $K_{hy} = 2 / K_h + 1$- Substituindo estes valores na fórmula para determinar o valor numérico da ordem da fase da estrutura do tecido, obtém-se uma fórmula que define este valor através do coeficiente da relação das alturas das ondas de flexão: $F = 9 K_h + 1 / K_h + 1$

$_{hohy}$As mesmas fórmulas permitem-nos exprimir os coeficientes *K* , *K* através dos valores numéricos da ordem da fase da estrutura do tecido:

$K_{ho} = F - 1 / 4$, $K_{hy} = 9 - F / 4$, $K_h = F - 1 / 9 - F$.

$_{ooyy}$Para determinar a ordem de fase de um tecido liso, é necessário encontrar primeiro a densidade geométrica da urdidura ou da trama: $l = 100 : P$ e $l = 100 : P$. A altura da onda de flexão da teia ou da trama no tecido pode ser determinada resolvendo as equações relativas a

ho ou ***hy*** : $h_o = \sqrt{4d_{cp}^2 - l_o^2}$ или $h_y = \sqrt{4d_{cp}^2 - l_y^2}$.

Se a altura da onda de urdidura já tiver sido determinada, encontramos a altura da onda de trama: $h_y = 2d_{cr} - h_o$. Quando a altura da onda de flexão da trama já foi determinada, encontramos a altura da onda de flexão da urdidura: $h_o = 2\ d_{cf} - h_y$.

$_y$Para determinar a ordem de fase de qualquer outra trama, é necessário encontrar a densidade geométrica média do tecido na urdidura e na trama: $l_{osr} = 100 : P_o = L_{Ro} : R_o$, $l_{usr} = 100 : P_y = L_{Ry} : R_y$, onde L_{Ro} e L_{Ry} *são o* comprimento do tecido dentro da relação de trama na urdidura e na trama; R_o e *R são as* relações de trama do tecido na urdidura e na trama. A Fig. 2.2 mostra a disposição dos fios de urdidura em ponto de tafetá e em ponto de tafetá.

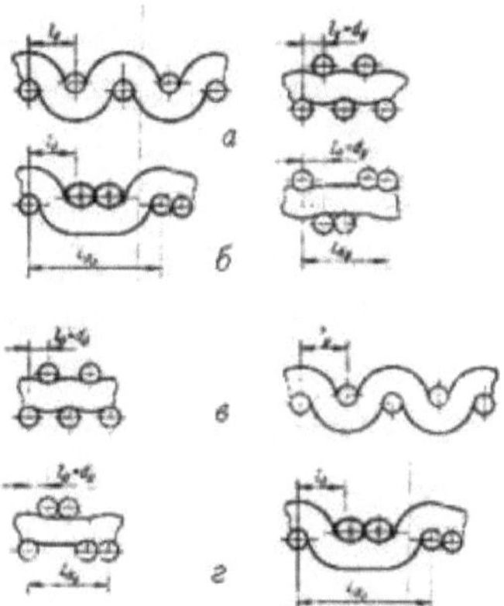

Fig. 2.2. Disposição dos fios de urdidura em tecido plano (a e c) e em tecido simples (b e d).

Nas sobreposições longas de um tecido de compactação máxima, os fios do sistema oposto são colocados um ao lado do outro e a distância entre os fios vizinhos é igual ao diâmetro do fio do tecido. O comprimento do tecido dentro da relação de trama e urdidura pode ser determinado pelas fórmulas $L_{Ro}=t_y\ l_o+(R_o\ -\ t_y)\ d_o$, $L_{Ry}=t_o\ l_y+(R_y\ -\ t_o)\ d_y$, em que *para* и *ty* *são o* número de intersecções entre a trama e a urdidura e entre a urdidura e a trama. A distância média entre os fios de teia e os fios de trama (densidade geométrica média) do tecido é determinada pelas fórmulas: $l_{ocp} = t_y\, l_o + (R_o - t_y)\, d_o / R_o$, (2.5), $l_{ycp} = t_o\, l_y + (R_y - t_o)\, d_y / R_y$. (2.6). $_{oy}$A distância entre os fios da teia e da trama nos pontos de intersecção com os fios do sistema oposto pode ser determinada resolvendo estas equações em função de l e l :

$$l_o = \frac{l_{ocp} R_o - (R_o - t_y)\, d_o}{t_y} = \frac{\frac{100}{P_o} R_o - (R_o - t_y)\, d_o}{t_y},$$

$$l_y = \frac{l_{ycp} R_y - (R_y - t_o)\, d_y}{t_o} = \frac{\frac{100}{P_y} R_y - (R_y - t_o)\, d_y}{t_o}.$$

Uma vez determinados l_o e l_y, a ordem da fase da estrutura pode ser encontrada por analogia com os tecidos de trama simples.

A fim de revelar a influência da relação dos diâmetros dos fios na sua disposição no tecido, consideremos a dobragem dos fios num tecido liso. $_{ooyy}$Para o tecido quando se varia a relação de diâmetros em $\boldsymbol{l = d}$ e para o tecido quando se varia a relação de diâmetros ***em*** $\boldsymbol{l = d}$.

O diâmetro dos fios de teia do tecido é determinado pela fórmula:

$$do = 2Kd\,dcp / Kd+1 \quad (2.6)$$

O diâmetro dos fios de trama do tecido é determinado pela fórmula:

$$dy=2dcp/(Kd+1\ )(2.7)$$

A densidade final do tecido sobre a base é determinada pela fórmula

$$Po=100 : do.\ (2.8)$$

O limite de densidade do tecido para a trama é determinado pela fórmula

$$Py = 100 : dy.\ (2.9)$$

A altura da onda de flexão dos fios de teia do tecido em $lo = do$ é determinada pela fórmula:

$$h_o = \sqrt{(do + dy)^2 - d_o^2} = 2d_{cp}\sqrt{1 - \frac{K_d^2}{(Kd+1)^2}}.\ (2.10)$$

e o pato $h_y = 2d_{cp} - h_o$ (2.11).

Densidade geométrica na trama

$$l_y = \sqrt{4d_{cp}^2 - h_y^2} \quad (2.12)$$

Densidade máxima da trama $P_{ymax} = 100 : l_y$ (2.13)

$_y$A altura da onda de flexão dos fios de teia do tecido em $lu = \boldsymbol{d}$ é determinada pela fórmula:

$ho = 2dcp - hy$ (2.14), e por trama

$$h_y = 2d_{cp}\sqrt{1 - \frac{K_d^2}{(Kd+1)^2}}. \quad (2.15)$$

Densidade geométrica na base $l_o = \sqrt{4d_{cp}^2 - h_o^2}$ (2.16)

$_o$Densidade básica máxima $_{Romah}$ = $100 : l$ (2.17)

Os valores dos parâmetros acima mencionados determinam a estrutura dos tecidos falsamente abertos, que apresentam sobreposições de trama lisa, trama de violação, trama de bombazina ou de tábuas na trama. O efeito da trama, do diâmetro do fio de urdidura e do fio de trama e a sua relação na estrutura dos tecidos também são examinados. $_{oy}$Com base na alteração do coeficiente da relação dos diâmetros dos fios de 0,5 a 2 para a densidade linear dos fios de teia e de trama ***T*** **=*T*** **=*20*** tex, foram calculados os diâmetros, a altura das ondas de flexão, a densidade geométrica dos fios, a densidade limite e máxima do tecido e os coeficientes que determinam a ordem da fase da estrutura do tecido. $_y$O quadro 2.2 apresenta os resultados do cálculo dos parâmetros da estrutura do tecido com a alteração do coeficiente da razão do diâmetro a $_{lo}$ = $_{do}$, e o quadro 2.3 apresenta os resultados do cálculo dos parâmetros da estrutura do tecido com a alteração do coeficiente da razão do diâmetro a $_{1u}$ = ***d*** **.**

Tabela 2.2.

Resultados do cálculo dos parâmetros da estrutura do tecido quando se altera o coeficiente da relação do diâmetro em $_{lo}$ = $_{do}$.

Rácio do diâmetro $_{Kd}$	Diâmetro dos fios de teia $_{do}$, mm	Diâmetro dos fios de trama $_{dy}$, mm	Densidade máxima na base $_{Po}$, n/dm	Altura das ondas de flexão		Densidade geométrica na trama $_{1u}$, mm	Densidade máxima da trama $_{Rumah}$ n/dm	Fator de ordem de fase, Kho
				$_{ho}$, mm	pato, mm			
0,5	0,109	0,217	917,4	0,307	0,019	0,3254	307,3	1,88
0,6	0,122	0,204	819,7	0,302	0,024	0,3251	307,6	1,85
0,7	0,134	0,192	746,3	0,297	0,029	0,3247	308,0	1,82
0,8	0,145	0,181	689,6	0,292	0,034	0,3242	308,5	1,79
0,9	0,154	0,172	649,4	0,287	0,039	0,3237	308,9	1,76
1,0	0,163	0,163	613,5	0,282	0,044	0,3230	309,6	1,73
1,2	0,178	0,148	558,7	0,273	0,053	0,3217	310,8	1,68
1,4	0,190	0,136	526,3	0,265	0,061	0,3202	312,3	1,63
1,6	0,201	0,125	497,5	0,257	0,069	0,3186	313,9	1,58
1,8	0,210	0,116	476,2	0,249	0,077	0,3168	315,7	1,53
2,0	0,217	0,109	460,8	0,243	0,083	0,3153	317,2	1,49

Tabela 2.3.

$_y$Resultados do cálculo dos parâmetros da estrutura do tecido ao alterar o rácio do diâmetro a $_{1u}$ = ***d*** **.**

Rácio do diâmetro	$_o$Diâmetro	Diâmetro dos fios	Densidade máxima	Altura das ondas de	$_o$Densidade	Densidade máxima por	Fator de ordem de

Kd	do filamento d, mm	de trama d_y, mm	do pato P_y, n/dm	flexão		geométrica na base 1, mm	base P ohms, н/дм	fase, K|,y
				h_o, mm	pato, mm			
0,5	0,109	0,217	460,8	0,083	0,243	0,3153	317,2	1,49
0,6	0,122	0,204	476,2	0,077	0,249	0,3168	315,7	1,53
0,7	0,134	0,192	497,5	0,069	0,257	0,3186	313,9	1,58
0,8	0,145	0,181	526,3	0,061	0,265	0,3202	312,3	1,63
0,9	0,154	0,172	558,7	0,053	0,273	0,3217	310,8	1,68
1,0	0,163	0,163	613,5	0,044	0,282	0,3230	305,6	1,73
1,2	0,178	0,148	649,4	0,039	0,287	0,3237	308,9	1,76
1,4	0,190	0,136	689,6	0,034	0,292	0,3242	308,5	1,79
1,6	0,201	0,125	746,3	0,029	0,297	0,3247	308,0	1,82
1,8	0,210	0,116	819,7	0,024	0,302	0,3251	307,6	1,85
2,0	0,217	0,109	917,4	0,019	0,307	0,3254	307,3	1,88

Foram construídos os gráficos (Fig.2.3-2.4) da dependência da densidade do tecido na teia e na trama, da altura das ondas de flexão dos fios da teia e da trama na relação dos diâmetros, na densidade geométrica na teia igual ao diâmetro do fio principal e na densidade geométrica na trama igual ao diâmetro do fio da trama.

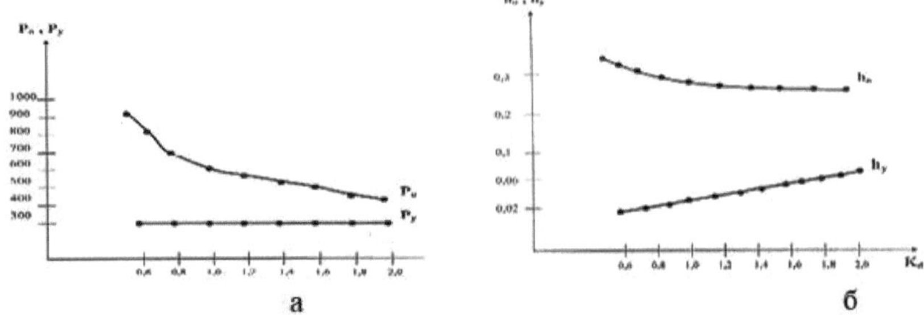

Fig. 2.3. Gráfico da dependência da densidade do tecido e da altura das ondas de flexão dos fios
da teia e da trama em relação ao coeficiente da relação do diâmetro em, $l_o = d_o$

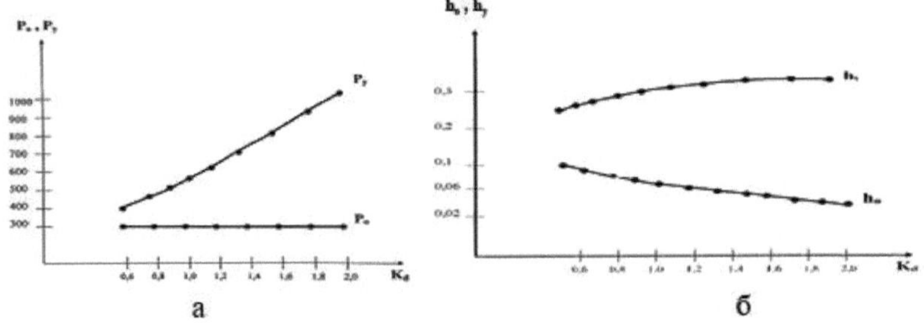

Fig. 2.4. Gráfico da dependência da densidade do tecido e da altura das ondas de flexão dos fios da teia e da trama em relação ao coeficiente da razão do diâmetro

at, $l_y = d_y$

Os gráficos mostram que quando o rácio dos diâmetros dos fios é alterado de 0,5 para 2: para a densidade geométrica na urdidura igual ao diâmetro do fio de urdidura, a densidade máxima final e a altura da onda de flexão dos fios de urdidura diminuem significativamente, e a densidade máxima final e a altura da onda de flexão dos fios de trama aumentam ligeiramente; para a densidade geométrica na trama igual ao diâmetro do fio de trama, a densidade máxima final e a altura da onda de flexão dos fios de urdidura diminuem, e a densidade máxima final e a altura da onda de flexão dos fios de trama aumentam. $_0$Assim, a relação das ondas de flexão (urdidura-trama) mostra a formação de tecidos falsamente abertos no tear, ou seja, para a primeira variante (Fig. 2.3), a estrutura do tecido terá entre a sétima e a oitava fase da estrutura do tecido como $h_o/h_y>1$ e para a segunda variante (Fig. 2.4), a estrutura do tecido terá a segunda e a terceira fase da estrutura do tecido como $h/h_y<1$.

Também se investiga a influência da trama na estrutura dos tecidos de trama simples e de trama lisa sobre a alteração da densidade tecnológica máxima possível e da densidade geométrica mínima possível, a ordem da fase de estrutura, bem como as ordens limitadoras das fases de estrutura. O tecido é fabricado com fios de algodão de espessura $T_o = 20$ tex e $T_y = 20$ tex. Além disso, foram determinadas as densidades máximas limitantes da urdidura e da trama para a tecelagem simples e a tecelagem cambraia. O Quadro 2.4 apresenta os resultados do cálculo dos parâmetros estruturais do tecido de ponto liso e o Quadro 2.5 apresenta os resultados do cálculo dos parâmetros estruturais do tecido de ponto cambraia.

Tabela 2.4.

Resultados do cálculo dos parâmetros de estrutura dos tecidos de trama simples

Ordem das fases da estrutura dos tecidos	Coeficiente que determina a altura das ondas de flexão		Altura das ondas de flexão, mm.		Densidade geométrica, mm		Densidade máxima do fio/dm	
	baseado em ***Kho***	sobre o pato ***Khy***	com base em ***ho***	por ʰpato y	***lo***	sobre o ***pato***	por Base ***Po***	pato ***Py***
Marginal	*0,27*	1,73	0,044	0,282	0,323	0,164	310	610
III	*0,5*	1,5	0,082	0,244	0,316	0,216	316	463
IV	*0,75*	1,25	0,122	0,204	0,302	0,254	311	394
V	1	1	0,163	0,163	0,282	0,282	355	355
VI	1,25	0,75	0,204	0,122	0,254	0,302	394	332
VII	1,5	0,5	0,245	0,081	0,215	0,316	465	316

Marginal	1,73	0,27	0,282	0,044	0,164	0,323	610	310

Tabela 2.5.

Resultados do cálculo dos parâmetros de estrutura do tecido de veludo cotelê.

Ordem das fases da estrutura dos tecidos	Coeficiente que determina a altura das ondas de flexão		Altura das ondas de flexão, mm.		Densidade geométrica, mm		Densidade máxima do fio/dm	
	baseado em ***Kho***	sobre o pato ***Khy***	com base em ***ho***	por pato y	***lo***	por pato ***ly***	por Base ***Po***	sobre o pato ***Py***
Marginal	0,27	1,73	0,044	0,282	0,243	0,164	412	610
III	0,5	1,5	0,082	0,244	0,240	0,190	417	526
IV	0,75	1,25	0,122	0,204	0,232	0,209	431	478
V	1	1	0,163	0,163	0,222	0,222	450	450
VI	1,25	0,75	0,204	0,122	0,209	0,232	478	431
VII	1,5	0,5	0,245	0,081	0,189	0,240	329	417
Marginal	1,73	0,27	0,282	0,044	0,164	0,243	610	412

A comparação dos valores revela que, no caso do tecido simples, é 32% mais elevada do que no caso do tecido de trama simples. É difícil tecer tecidos com a densidade máxima possível de ambos os sistemas de fios no tear, pelo que se obtêm tecidos com densidades de teia e de trama inferiores às máximas possíveis. O fator de enchimento é a relação entre a densidade real do tecido e a densidade máxima possível:

$_{oy}Kno = Po/Po$ e $KHy = Py/Pu$, em que *P* e *P* são a densidade tecnológica efectiva do tecido na teia e na trama;

$_{oocpycp}$P e Ru são as densidades máximas possíveis da urdidura e da trama do tecido; *l* e *l são as* distâncias médias entre os fios da urdidura e da trama do tecido;

$$locp\ LRo / Ro \text{ e } lycp\ LRy / Ry,$$

$_{RoRyoy}$em que *L* e *L* é o comprimento do suporte de trama na teia (ao longo dos fios da trama) e na trama (ao longo dos fios principais), tendo em conta a ordem da fase de construção; *R* e *R* é o número de fios no suporte de trama.

Nas sobreposições longas de um sistema, os fios do outro sistema são colocados ao lado uns dos outros, uma vez que os espaços livres entre eles são eliminados. Para determinar o comprimento do rapport de teia e trama da trama, o número de fios no rapport e o número de sobreposições (mudanças de sobreposição) em cada fio devem ser calculados a partir do padrão de trama.

Consideremos a falsa trama aberta (Fig. 10) com os seus parâmetros de base. A extensão da trama na urdidura R_o = 6 fios, na trama R_y = 6 fios.

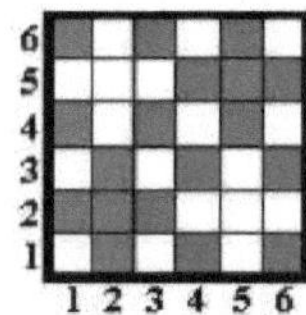

Figura 10. Localização das intersecções dentro de uma relação de tecelagem.

Cada fio de teia e de trama tem um número diferente de mudanças de sobreposição Os fios de teia - o primeiro, o terceiro, o quarto e o sexto fios têm seis mudanças de sobreposição cada um e o segundo e o quinto fios têm duas mudanças de sobreposição cada um. Os fios da trama - o primeiro, o terceiro, o quarto e o sexto fios têm seis mudanças de sobreposição cada, e o segundo e o quinto têm duas mudanças de sobreposição cada. $_{ocp}$Assim, na teia, o número médio de sobreposições será: $t = \Sigma P / R_o = 28/6 = 4,7$. $_{ycp}$Para a trama, o número médio de sobreposições será: $t = \Sigma_v / R_y = 28/6 = 4,7$. No entanto, os fios de trama, que têm um maior número de cruzamentos, estarão no tecido num estado mais tenso e, portanto, afectarão o comprimento do relacionamento de urdidura. Por conseguinte, ao calcular o comprimento do suporte de urdidura e de trama. $_{omaxymax}$é necessário tomar o número máximo de cruzamentos de trama de teia e de trama de teia por fio, ou seja, t e t. $_{ymax omax}$Neste exemplo, para a falsa trama aberta, o número de cruzamentos de trama de urdidura t = 6 e de trama de urdidura $t = 6$. O comprimento do rapport é determinado pelas fórmulas: $L_{Ro} = t_{ymax} l_o + (R_o - t_{ymax}) d_o$, $L_{Ry} = t_{omax} l_y + (R_y - t_{omax}) d_y$, $_{yy}$na urdidura na trama onde d_o - diâmetro do fio da urdidura no tecido; l_o - distância entre os fios da urdidura nos locais de seus cruzamentos com a trama; onde d - diâmetro do fio da trama no tecido; l - distância entre os fios da trama nos locais de seus cruzamentos com a urdidura. Substituindo todos os valores nas fórmulas para determinar a densidade máxima possível do tecido por urdidura e trama através da distância média entre os fios de urdidura e trama no tecido, obtém-se

$$P'_o = 100R_o / t_{ymax} l_o + (R_o - t_{ymax}) d_o \; ; \; P'_y = 100R_y / t_{omax} l_y + (R_y - t_{omax}) d_y .$$

O fator de enchimento do tecido na teia e na trama é determinado de acordo com as fórmulas:

$K_{Ho} = P_o[t_{ymax} l_o + (R_o - t_{ymax}) d_o]/100R_o$, по утку $K_{Hy} = P_y[t_{omax} l_y + (R_y -$ com base em $t_{omax}) d_y]/100R_y$.

Para um tecido liso com $R_o = R_y = 2$ e $t_{omax} = t_{ymax} = 2$. O coeficiente de enchimento das fibras é determinado pelas fórmulas: $K_{Ho} = P_o l_o / 100$; $K_{Hy} = P_y l_y / 100$.

Fator de enchimento de fibras do tecido

$$K_H = K_{Ho} K_{Hy}. \quad (2.18).$$

Este coeficiente pode ser utilizado para caraterizar a tensão da produção de tecido no tear. Quanto mais este coeficiente se aproximar de um, mais tensa é a produção de tecido no tear. Por conseguinte, a relação entre a densidade real e a densidade máxima é caracterizada pelo enchimento do tecido com material fibroso, que tem em conta a densidade do tecido, a densidade linear do fio e a trama do tecido. O método de determinação do número de transições de fio para as tramas falsamente abertas foi considerado acima e, com base neste índice, foi apresentado o método de cálculo do fator de enchimento de fibras e do trabalho dos fios de teia e de trama através do número médio de transições de fio. O rendimento é um dos parâmetros principais, que permite estimar, numa primeira aproximação, as condições de produção de tecido na máquina. O rendimento é utilizado para determinar o consumo de matérias-primas. O rendimento é influenciado pelo tipo de matéria-prima, pela densidade linear do fio, pela forma da secção transversal do fio, pela tecelagem, pela densidade da teia e da trama, pela ordem da fase de construção, pelos parâmetros de enfiamento e tecelagem, pelas propriedades *físicas*, mecânicas e reológicas dos fios. Por conseguinte, o critério para avaliar a estrutura do tecido pode ser considerado como o trabalho do fio. A diferença entre os comprimentos dos fios antes da tecelagem e durante a tecelagem é designada por trabalho.

Determinar experimentalmente o rendimento com base em

$$a_o = (L_o - L_T)100/L_o \,\% \quad (2.19).$$

$_T$Rendimento da trama $a_y = (L_y - B)100/L_y \,\%$ (2.20).

$_{TT}$em que: L_o, L_y - comprimentos da urdidura e da trama antes da tecelagem; L , B - comprimento e largura do tecido.

Teoricamente, o rendimento do fio no tecido é determinado pelo arranjo mútuo dos fios no tecido com algumas suposições: a forma e a área da secção transversal dos fios ao longo de todo o comprimento do tecido são constantes; a distância entre os centros dos fios de um sistema nos locais onde eles se cruzam com os fios de outro sistema e nas sobreposições é proporcional ao fator de enchimento do sistema correspondente.

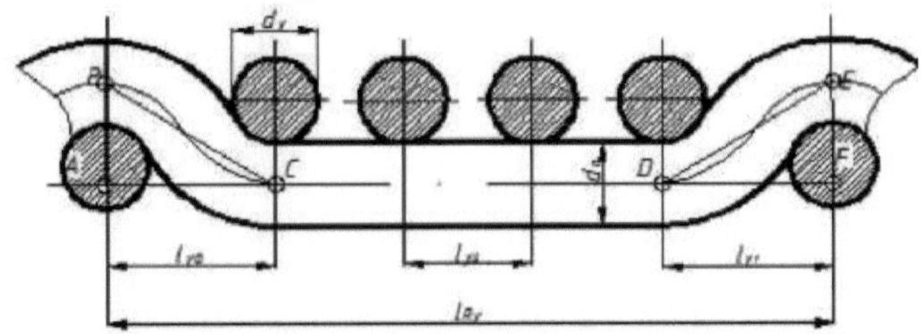

Fig.3.1 A disposição dos fios no tecido.

O comprimento de um fio de teia em (L_o) é determinado (Fig.10) pelo comprimento da linha quebrada BCDE, e o comprimento do tecido pela linha reta ACDF.

Trabalho com base em

$$_{oBCDEACDFBCDE}a = (L - L) / L - 100$$

$$ao = (BC+CD+DE-AC-CD-DF) / BC+CD+DE- 100 =$$

$$= BC+DE-AC-DE / BC+CD+DE- 100$$

em que: BC, DE - zonas onde os fios de teia se cruzam com os fios de trama

$$BC = DE = \sqrt{AC^2 + AB^2} = \sqrt{l_{y\phi}^2 + h_o^2}$$

$_{yl}f$ - distância real entre os centros dos fios de trama nos pontos de intersecção com o fio principal, ou seja, tendo em conta a ordem da fase de estruturação do tecido e a densidade real da trama do tecido

$$l_{y\phi} = l_y / K_{Hy} = (\sqrt{(d_o + d_y)}^2 - hy^2) / K_{Hy} \qquad (2.21)$$

O comprimento da parte reta do fio é igual à soma das distâncias entre os fios da trama

$$CD = l_{y2}(R_y - t_{ocp}) = (R_y - t_{ocp})\, d_y / K_{Hy}$$

em que: $_{lu2}$ - distância entre os fios de trama nos pontos de sobreposição principal longa $_{tocp,\ tycp}$

Substituindo as expressões obtidas, determinamos o trabalho do fio no tecido por urdidura

$$a_o = [t_{ocp}\,(\sqrt{l_{y\phi}^2 + h_o^2} - l_{y\phi}) / t_{ocp}(\sqrt{l_{y\phi}^2 + h_o^2}) + (R_y - t_{ocp})\, d_y/K_{Hy}] \cdot 100 \qquad (2.22)$$

Da mesma forma, determinar a margem de costura da trama num tecido

$$a_o = [t_{ycp}\,(\sqrt{l_{o\phi}^2 + h_y^2} - l_{o\phi}) / t_{ycp}(\sqrt{l_{o\phi}^2 + h_y^2}) + (R_o - t_{ycp})\, d_o/K_{Ho}] \cdot 100 \qquad (2.23)$$

$_{HoHy}$em que: K , K - coeficientes de enchimento do tecido com material fibroso na base e na trama.

O rendimento de urdidura do tecido é determinado:

$$a_o' = \frac{t_o \cdot \sqrt{l_{y\phi}^2 + h_o^2} - l_{y\phi}}{t_o \cdot \sqrt{l_{y\phi}^2 + h_o^2} + (R_y - t_o)\frac{d_y}{K_{Hy}}} \cdot 100 \qquad (2.24)$$

Trabalho do fio de trama no tecido:

$$a_y' = \frac{t_y \cdot \sqrt{l_{o\phi}^2 + h_y^2} - l_{o\phi}}{t_y \cdot \sqrt{l_{o\phi}^2 + h_y^2} + (R_o - t_y)\frac{d_o}{K_{Ho}}} \cdot 100 \qquad (2.25)$$

em que: $_{yyR0,}$ R - relação de urdidura e trama; $_{to,}$ t - número de cruzamentos de trama por urdidura e trama por trama; $Tsf,$ - distância efectiva entre os centros dos fios de urdidura nos locais onde são cruzados por trama; $_{YyjHoHyl}f$ - distância real entre os centros dos fios de trama nos locais da sua intersecção com a urdidura; $_{ho,}$ I - altura das ondas de flexão dos fios de urdidura e de trama; $_{do,}$ d , -

diâmetros dos fios de urdidura e de trama; *K* , *K* - coeficientes de enchimento do tecido com material fibroso na urdidura e na trama.

A espessura do tecido determina propriedades como a respirabilidade, o isolamento térmico, a drapeabilidade (capacidade de formar pregas), a rigidez, a elasticidade e outras. Diferentes tipos de fios, com diferentes composições de fibras, graus de torção, felpa ou suavidade, determinam uma maior ou menor espessura do tecido. O tipo de tecelagem determina a espessura do tecido; quanto mais longa for a sobreposição (prancha) dos fios e quanto maior for a relação dos fios no tecido, maior será o número de fios colocados sob a prancha, engrossando o tecido. A densidade do tecido e o grau de curvatura dos fios na sua trama também influenciam a espessura do tecido; quanto maiores forem os seus valores, mais espesso será o tecido. Teoricamente, a espessura dos tecidos de uma só camada varia entre dois e três diâmetros de fio de teia e de trama.

O terceiro capítulo contém a investigação tecnológica de tecidos falsamente abertos. A produção de tecidos falsamente abertos foi efectuada na máquina "Somet", o número de remises na preparação -12 remises, a densidade da teia e da trama 18 n/cm, a densidade linear dos fios principais 10x2 tex, a densidade linear dos fios de trama variou de 10 tex a 50 tex, a tensão de preparação variou para um fio de teia de 6 cN a 21 cN, para a trama de 5 cN a 30 cN. As mesmas variantes foram utilizadas para produzir tecidos com a utilização de fio de capron na trama. As amostras de tecido foram produzidas em dez variantes (Fig. 3.1) de tramas falsamente abertas, tendo em conta as relações de trama na teia e na trama, o número de cruzamentos de fios de um sistema por outro sistema, o fator de enchimento das fibras na teia e na trama. Foram efectuados estudos analíticos das variantes dos tecidos falsamente abertos para estudar a influência do tipo de trama, da densidade linear dos fios de trama do tipo de trama dos tecidos falsamente abertos e para os comparar com os resultados experimentais.

Analiticamente, o rendimento médio do fio foi determinado pelas nossas fórmulas propostas para a urdidura e a trama:

$$a_o = \frac{100}{R_o}\sum_{i=1}^{n}\frac{t_o(\sqrt{l_{y\phi}^2+h_o^2}-l_{y\phi}}{t_o\sqrt{l_{y\phi}^2+h_o^2+(R_y-t_o)\frac{d_y}{K_{Hy}}}} \quad (3.1) \qquad a_y = \frac{100}{R_y}\sum_{i=1}^{n}\frac{t_y(\sqrt{l_{o\phi}^2+h_y^2}-l_{o\phi}}{t_y\sqrt{l_{o\phi}^2+h_y^2+(R_o-t_y)\frac{d_o}{K_{Ho}}}} \quad (3.2)$$

em que: $_{oy}to,\ _{ty}$ - número de intersecções de urdidura e trama de fios igualmente entrelaçados dentro do rapport do tecido para cada motivo de trama; l_f, l_f - distância $_{real}$ entre os centros dos fios (urdidura - trama) nas suas intersecções para cada motivo de trama; $_{yho,}h$ - altura da onda de flexão dos fios da teia e da trama, respetivamente; R_o, R_y - rácio de tecelagem dos fios da teia e da trama, respetivamente; *n* - número de fios igualmente entrelaçados de cada motivo de tecelagem, a soma destes números é igual ao rácio de tecelagem do tecido;

$(R_y - t_o)\frac{d_y}{K_{Hy}}$ - comprimento da parte rectilínea do fio no interior;

$(R_o - t_y)\frac{d_o}{K_{Ho}}$- Os fios da trama e da teia, respetivamente.

Foram desenvolvidas dez variantes de tranças falsamente abertas, que são apresentadas na Fig. 3.1. Cada variante do motivo de tecelagem tem o seu próprio relatório de tecelagem na urdidura e na trama, o número de intersecções dos fios de trama da urdidura e da trama da urdidura, o número de fios igualmente entrelaçados de cada motivo de tecelagem, a soma destes números é igual à relação de tecelagem do tecido. O quadro 3.1, de acordo com a Fig. 3.1. apresenta as relações de urdidura e de trama, o número de intersecções, o número de fios igualmente entrelaçados, o processamento do fio para dez variantes de tecelagem, o cálculo é efectuado de acordo com as fórmulas (3.1) e (3.2). Sugerimos ainda que, para maior comodidade no cálculo, os cruzamentos sejam indicados por índices numéricos que, depois de multiplicados pelo número dois, mostrarão o número de transições de fios para cada fio.

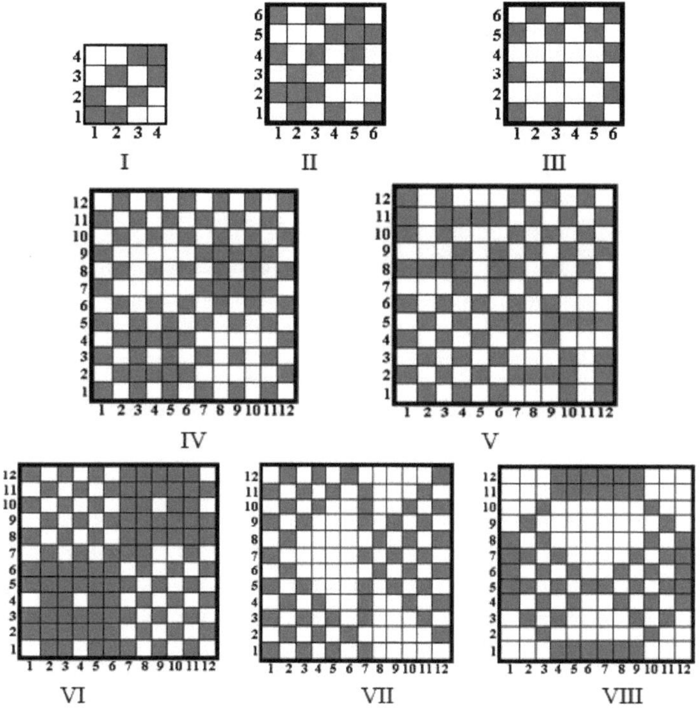

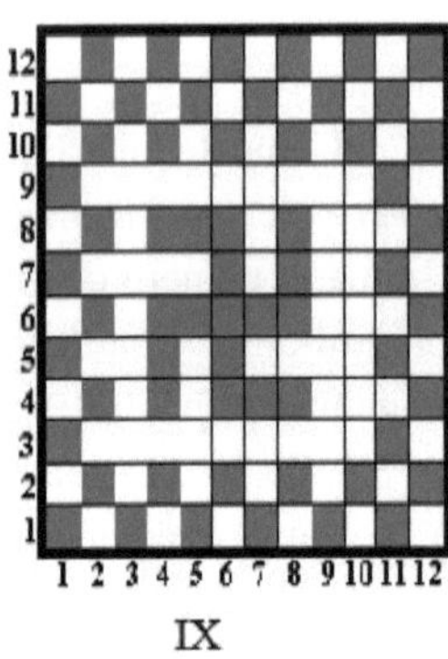

IX

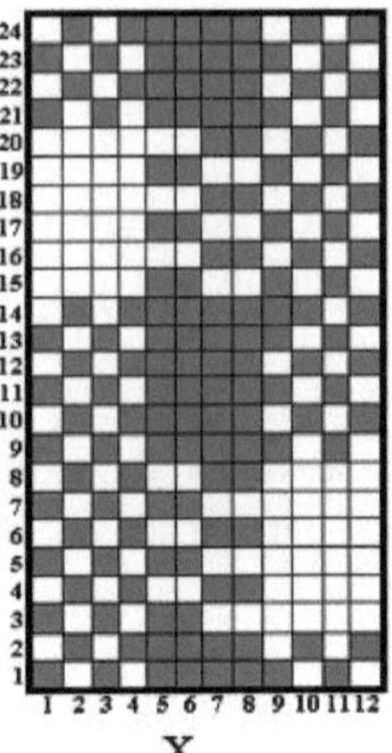

X

Fig.3.1 Variantes de tranças falsamente abertas.

Os cálculos efectuados com uma densidade linear de trama $T_y = 30$ tex de fio de algodão e de fio de capron, de acordo com as fórmulas (3.1) e (3.2), mostram que, para uma relação de tecido inalterada (a mesma) e o *mesmo número de* cruzamentos (variantes II e III de tecelagem), o trabalho médio dos fios de teia e de trama é o mesmo. Para as variantes IV e V (Fig. 3.1) com $R_o = R_y = 12$: no primeiro caso $t_{o2} = t_{y2} = 4$ em $\boldsymbol{n} = 4$, e $t_{o6} = t_{y6} = 12$ em $\boldsymbol{n} = 6$, a transformação média ***dos fios*** de trama e de teia $a_o = 4{,}2\%$, $a_y = 4{,}1\%$; no segundo caso $t_{o4} = t_{y4} = 8$ em $\boldsymbol{n} = 4$ e $t_{o5} = t_{y5} = 10$ em $\boldsymbol{n} = 8$, a transformação média $a_o = 3{,}8\%$, $a_y = 3{,}5\%$. Como podemos ver, o número de intersecções na relação é o mesmo, mas no primeiro caso. Estas intersecções têm valores extremos $t_{o2} = t_{y2}$ e $t_{o6} = t_{y6}$, e no segundo caso os valores médios $t_{o4} = t_{y4}$ e $t_{o5} = t_{y5}$ no intervalo de t_1 ***a*** t_6, o que leva a uma diminuição dos valores de trabalhabilidade na base em 11% e na trama em 14%. Além disso, o aumento do número de intersecções das variantes VI e IX no âmbito do rapport conduz a um aumento da trabalhabilidade dos fios de teia e de trama de 23%. Por conseguinte, o cálculo proposto para o rendimento do fio tem em conta a dispersão dos valores das intersecções dos fios no mesmo suporte e nas mesmas intersecções médias. A comparação dos cálculos das fórmulas (3.1) e (3.2) foi efectuada com as fórmulas (3.3) e (3.4), além disso, foi investigada a influência do tipo de fios de algodão e de capron, da densidade linear dos fios de trama no fator de enchimento dos tecidos e do trabalho do fio de tramas falsamente abertas para os fios de teia de trama:

$$a_o = \frac{t_{ocp}\left(\sqrt{l_{y\phi}^2 + h_o^2} - l_{y\phi}\right)}{t_{ocp}\sqrt{l_{y\phi}^2 + h_o^2 + (R_y - t_o)\frac{d_y}{K_{Hy}}}} \quad (3.3) \qquad a_y = \frac{t_{ycp}\left(\sqrt{l_{o\phi}^2 + h_y^2} - l_{o\phi}\right)}{t_{ycp}\sqrt{l_{o\phi}^2 + h_y^2 + (R_o - t_y)\frac{d_o}{K_{Ho}}}} \quad (3.4)$$

Tabela 3.1.

Resultados do cálculo pelas fórmulas (3.1) e (3.2). parâmetros da estrutura do tecido.

Opções\ indicadores

варианты / показатели	I	II	III	IV	V	VI	VII	VIII	IX	X
R_o	4	6	6	12	12	12	12	12	12	12
R_y	4	6	6	12	12	12	12	12	12	24
$^{t_{o1}}/_{n_1}$	$^2/_2$	$^2/_2$	$^2/_2$					$^2/_2$		
$^{t_{o2}}/_{n_2}$	$^4/_2$			$^4/_4$			$^4/_2$	$^4/_2$	$^4/_2$	
$^{t_{o3}}/_{n_3}$		$^6/_4$	$^6/_4$			$^6/_7$	$^6/_2$	$^6/_2$	$^6/_1$	
$^{t_{o4}}/_{n_4}$					$^8/_4$	$^8/_3$	$^8/_3$	$^8/_4$	$^8/_3$	
$^{t_{o5}}/_{n_5}$					$^{10}/_8$	$^{10}/_2$	$^{10}/_2$	$^{10}/_2$	$^{10}/_2$	
$^{t_{o6}}/_{n_6}$				$^{12}/_8$			$^{12}/_3$		$^{12}/_4$	$^{12}/_4$
$^{t_{y1}}/_{n_1}$	$^2/_2$	$^2/_2$	$^2/_2$					$^2/_3$		
$^{t_{y2}}/_{n_2}$	$^4/_2$	$^6/_4$	$^6/_4$	$^4/_4$				$^4/_3$	$^4/_2$	
$^{t_{y3}}/_{n_3}$						$^6/_7$		$^6/_2$	$^6/_1$	$^6/_{12}$
$^{t_{y4}}/_{n_4}$					$^8/_4$	$^8/_3$	$^8/_6$	$^8/_2$	$^8/_4$	$^8/_{12}$
$^{t_{y5}}/_{n_5}$					$^{10}/_8$	$^{10}/_6$	$^{10}/_6$	$^{10}/_2$		
$^{t_{y6}}/_{n_6}$				$^{12}/_8$					$^{12}/_5$	
$^{t_{o9}}/_{n_9}$										$^{18}/_8$
a_{o1}	3,2	2,3	2,3					1,1		
a_{o2}	5,1			2,3			2,2	2,0	2,3	
a_{o3}		5,1	5,1			2,7	3,0	2,8	3,2	
a_{o4}					3,4	3,4	3,7	3,4	3,9	
a_{o5}					3,9	3,9	4,3	4,0	4,5	
a_{o6}				5,1			4,8		5,0	3,0
a_{o9}										3,9
a_{ocp}	4,2	4,2	4,2	4,2	3,8	3,1	3,7	2,8	4,0	3,6
a_{y1}	3,2	2,5	2,5							
a_{y2}	4,8			2,5				1,6	2,4	
a_{y3}		5,0	5,0			2,7		2,2	3,2	2,6
a_{y4}					3,2	3,2	3,8	2,6	3,8	3,1
a_{y5}					3,7	3,7	4,3	3,0		
a_{y6}				4,9					4,7	
a_{ycp}	4,0	4,2	4,2	4,1	3,5	3,0	4,1	1,9	3,9	2,7

Fator de enchimento na teia e na trama:

$$K_{Ho} = \frac{P_o(d_oR_o + d_y t_{ycp})}{10R_o} \quad (3.5) \qquad K_{Hy} = \frac{P_y(d_yR_y + d_o t_{ocp})}{10R_y} \quad (3.6)$$

ocpycpyO quadro 3.2 apresenta os valores do número médio de cruzamentos na urdidura **t** e na trama **t** , dos coeficientes de enchimento e de trabalho dos fios na urdidura e na trama para dez variantes de tecelagens constituídas por fios de algodão e fios de trama de kapron com densidade linear T = 30 tex.

Tabela 3.2.

Resultados do cálculo pelas fórmulas (3.3) e (3.4). parâmetros da estrutura do tecido.

Opções	*Ro*	*Ry*	*tocp*	*tycp*	Trama de algodão				Pato Capron			
					KHO	*KHy*	*ao*	*ay*	*KHO*	*KHy*	*ao*	*ay*
I	4	4	3,0	3,0	0,558	0,576	4,3	3,9	0,588	0,612	5,0	4,4
II	6	6	4,7	4,7	0,569	0,581	4,4	4,5	0,601	0,622	5,0	3,8
III	6	6	4,7	4,7	0,569	0,581	4,4	4,5	0,601	0,622	5,0	3,8
IV	12	12	9,3	9,3	0,565	0,578	4,4	4,3	0,598	0,62	5,2	4,6
V	12	12	9,3	9,3	0,565	0,578	4,4	4,3	0,598	0,62	5,2	4,6
VI	12	12	7,2	7,2	0,504	0,527	3,1	3,0	0,529	0,568	3,9	3,0
VII	12	12	8,3	9,0	0,556	0,554	3,8	4,1	0,588	0,595	4,3	4,6
VIII	12	12	6,3	5,5	0,454	0,535	2,9	2,0	0,473	0,546	3,6	1,8
IX	12	12	8,8	8,8	0,551	0,567	4,1	4,0	0,581	0,608	4,9	4,2
X	12	24	16	7	0,499	0,547	3,6	2,9	0,522	0,588	4,8	4,0

Os cálculos efectuados de acordo com as fórmulas (3.3) e (3.4) mostram que, para a mesma relação e intersecções (variantes de tecelagem II, III, IV e V), os rendimentos médios da teia e da trama são os mesmos, tanto para os tecidos de algodão como para os tecidos de trama de capron. No entanto, de acordo com a Tabela 3.1, os valores das variantes IV e V são diferentes, devido à variação diferente dos valores de intersecção **t**.

O quadro 3.3 resume o efeito da densidade linear da trama (capron e algodão) no fator de enchimento e na retenção do fio.

Tabela 3.3.

Influência da densidade linear da trama no fator de enchimento e no trabalho do fio.

№	Densidade linear do fio de trama tex	Fator de enchimento		Rendimento médio do fio	
		Com base em K_{Ho}	No pato ***KHy***	Com base no ***ao***	No pato, ***ow***
1	20	0,523/0,544	0,523/0,550	3,7/4,2	3,7/3,9
2	30	0,569/0,588	0,581/0,612	4,4/5,0	4,5/4,4
3	40	0,611/0,612	0,635/0,683	5,9/7,4	4,4/4,3
4	50	0,647/0,691	0,682/0,737	7,5/8,5	4,3/4,4
5	60	0,681/0,729	0,725/0,786	9,2/10,5	4,0/4,6

Com o aumento da densidade linear dos fios de trama de 20 para 60 texa, a tensão de produção do tecido aumenta, o trabalho dos fios de urdidura aumenta, o trabalho dos fios de trama (algodão) diminui e o trabalho dos fios de trama (capron) permanece quase inalterado. A investigação experimental confirma a investigação analítica, na medida em que o carácter da alteração do acabamento em todas as variantes é ideal, ou seja, o acabamento é influenciado pelo número de cruzamentos no rapport do tecido e pelo tipo de matérias-primas utilizadas na trama. As discrepâncias entre os valores absolutos do acabamento devem-se ao facto de as fórmulas (3.1 e 3.2) não terem em conta os modos tecnológicos de produção do tecido (tensão da teia e da trama, tamanho do pesponto, tamanho do galpão, etc.). O quadro 3.4 apresenta os resultados do estudo da transformação das amostras de tecido obtidas experimentalmente. O acabamento dos fios da teia e da trama foi determinado nas amostras de tecido trabalhadas de acordo com a seguinte metodologia. Foi retirado um fio de uma amostra de tecido de 10x10 cm e o fio endireitado foi medido e depois calculado de acordo com as fórmulas (2.19) e (2.20). Estas medições e cálculos são efectuados pelo menos cinco vezes. Em seguida, determinaram-se as caraterísticas numéricas do acabamento e os respectivos erros.

1 Valor médio da transformação do fio: $\overline{Y}=\frac{1}{m}\sum_{i=1}^{m} Y_i$

2 Dispersão: $S^2\{Y\}=\frac{1}{m-1}\sum_{i=1}(Y_i-\overline{Y})^2$

3 . Desvio médio quadrático: $S\{Y\}=\sqrt{S^2\{Y\}}$

4 coeficiente de variação $C\{Y\}=\frac{S\{Y\}}{\overline{Y}}100$

5 Erro de confiança absoluto da média: $E\{\overline{Y}\}=S\{\overline{Y}\}\frac{t_T}{\sqrt{m}}$

$_T$em que: *t {PD = 0,95, /= m-1=5-1-1=4} = 2,776, o* quantil da distribuição de Student.

6 $\delta\{\overline{Y}\}=C\{Y\}\frac{t_T}{\sqrt{m}}$ $_T$Erro de confiança relativo do valor médio em que: *t {PD = 0,95, /= m-1=5-1-1=4} = 2,776,* quantil da distribuição de Student. O erro dos valores obtidos não excedeu 5%.

Tabela 3.4.

Resultados de um estudo sobre o acabamento de amostras de tecido.

Exemplos de variações de trama	% de rendimento do fio			
	Trama de algodão		Pato Capron	
	Com base em	Sobre o pato	Com base em	Sobre o pato
I	6,2±0,1	5,7±0,2	6,7±0,3	2,8±0,1
II	6,0±0,3	6,0±0,3	6,6±0,2	4,0±0,2
III	6,5±0,3	6,4±0,3	6,7±0,3	3,3±0,2

IV	6,5±0,2	6,1 ±0,2	6,6±0,3	3,4±0,1
V	6,7±0,1	5,8±0,3	6,5±0,3	3,4±0,1
VI	4,5±0,1	4,3 ±0,1	5,8±0,3	2,8±0,1
VII	6,2±0,2	6,3±0,2	6,0±0,3	3,0±0,1
VIII	4,7±0,2	4,3±0,3	5,4±0,3	2,3 ±0,1
IX	5,8±0,2	5,7±0,2	6,1 ±0,3	3,0±0,1
X	4,8±0,3	4,7±0,2	6,0±0,3	3,1±0,1

Comparando os resultados dos Quadros 3.2 e 3.4, nota-se que o carácter de variação do rendimento em todas as variantes é ideal, ou seja, o rendimento é influenciado pelo número de cruzamentos no rapport do tecido e pelo tipo de matérias-primas utilizadas na trama. Os valores absolutos do rendimento do fio apresentam grandes discrepâncias. Isto deve-se ao facto de o rendimento calculado pelas fórmulas (3.3), (3.4), (3.5) e (3.6) não ter em conta os modos tecnológicos de produção do tecido (tensão da teia e da trama, quantidade de sobrepasso, tamanho do galpão, etc.).

Os quadros 3.5 e 3.6 apresentam os resultados da investigação do efeito da tensão de enchimento da teia e da trama no rendimento do fio.

Tabela 3.5.

Influência da tensão de enchimento dos fios de teia no acabamento.

№	Tensão de enchimento dos fios de teia cN/fio	Tensão de enchimento dos fios de trama cN/fio	% de rendimento do fio	
			base	patos
1	6	10	8,5 / 8,7	4,8 / 2,7
2	10	10	7,3 / 7,4	5,0 / 3,2
3	12	10	6,6 / 7,1	5,5 / 3,5
4	16	10	6,0 / 6,6	6,0 / 4,0
5	19	10	5,4 / 6,1	6,3 / 4,5
6	21	10	5,0 / 5,4	6,8 / 4,9

- numerador para a trama de algodão - denominador para a trama de capron.

Verifica-se que, com a alteração da tensão de enchimento dos fios de teia de 6 cN para 21 cN (para um único fio de teia), mantendo-se as outras condições iguais: o rendimento da teia diminui 1,7 vezes para os tecidos fabricados com tramas de algodão e 1,6 vezes para os tecidos fabricados com tramas de capron; o rendimento da trama aumenta 1,4 vezes para as tramas de algodão e 1,8 vezes para as tramas de capron. Alterando a tensão de enchimento dos fios de trama de 5 cN para 30 cN, o processamento do fio: na urdidura aumenta 1,5 vezes quando se produz tecido a partir de trama de algodão e 1,7 vezes quando se produz tecido a partir de trama de capron; na trama diminui, respetivamente, 1,6 vezes na trama de algodão e 1,9 vezes na trama de capron.

Tabela 3.6.

Influência da tensão de enchimento dos fios de trama no acabamento.

№	Tensão de enchimento dos fios de trama cN/fio	Tensão de enchimento dos fios de teia cN/fio	% de rendimento do fio	
			base	patos
1	5	16	5,1 / 5,3	6,6 / 4,9
2	10	16	6,0 / 6,6	6,0 / 4,0
3	15	16	6,5 / 6,9	5,4 / 3,5
4	20	16	6,9 / 7,7	4,9 / 3,1
5	25	16	7,3 / 8,6	4,4 / 2,8
6	30	16	7,9 / 9,1	4,0 / 2,5

- Numerador para a trama de algodão.
- o denominador do ponto de Kapron.

É igualmente apresentado o cálculo técnico do tecido falsamente aberto. A segunda variante do falso tecido openwork (Fig. 3.1) foi aceite como tecido de base para o cálculo técnico. Dados iniciais para o cálculo: $_{o6y}T$ = 10 x 2 tex; T_u = 30 tex; $R_o = R_u$ = 18 n/cm; N = 60 dentes/dm; $z_\varphi = 3$ fios por dente de cana; a_o = 4,4 % ; a = 4,5 % ; K_{no} = 0,569; $^{-1}{}_{c36KK}K_{nu}$ = 0,581; d_{cT} = 250mm ; $\acute{a}_\varphi$ = 800mm ; H = 1900mm; n = 440 min ; P_{rem} = 12; B = 175cm; B = 183,3cm; n_{rom} = 32; n p = 4; p_o = 3300. É adotado o tear da Somet Super Excel:

Peso dos fios de teia.

$$M_o = \frac{n_o * T_o * 100}{(1-\frac{a_o}{100}) * 10^6} = \frac{3304 * 10x2 * 100}{(1-\frac{4,4}{100}) * 10^6} = 6,91кг$$

Peso dos fios de trama:

$$M_y = \frac{10 * P_y * l_y * T_y * 100}{10^6} = \frac{10 * 180 * 1,853 * 30 * 100}{10^6} = 10,01кг$$

Peso por metro linear de tecido:

$$M_{n.м.} = \frac{M_o + M_y}{100} * 1000 = \frac{6,91+10,01}{100} * 1000 = 169гр/м;$$

Densidade da superfície do tecido:

$$M_м^2 = \frac{M_{n.м.}}{B_c} = \frac{169}{1,75} = 97гр/м^2$$

Peso dos fios de leno cortados em 100 m de tecido de teia:

$$M_{onep} = \frac{n_{кром} * T_o * 100}{(1-\frac{a_{nepoe}}{100}) * 10^6} = \frac{32 * 20 * 100}{(1-\frac{40}{100}) * 10^6} = 0,11кг$$

Peso dos fios de leno cortados em 100 m de tecido de trama:

$$M_{ynep} = \frac{10 * P_y * l_y * T_y * 100}{10^6} = \frac{10 * 180 * 0,1 * 30 * 100}{10^6} = 0,54кг$$

O comprimento da urdidura que vem numa peça de tecido:

$$l_{ok} = \frac{100 l_k}{100 - a_o} = \frac{100 * 50}{100 - 4,4} = 52,3м$$

Peso a granel associado à tecelagem

$$G_H = \frac{L_H * n_o * T_o}{10^6} = \frac{5234 * 3300 * 20}{10^6} = 346кг$$

Comprimentos associados na bobina

$L_б = L_H\ n_б + 120 = 5234 * 20 = 104800\ м.$

Peso da canela associado

$$G_б = \frac{L_б * To}{1000} = \frac{104800 * 20}{1000} = 2{,}1кг$$

Perdas na tecelagem da correia

$$y_c = \frac{(l_1 * a + l_2 * K) * 1{,}5}{L_{TK}} = \frac{(2 * 164{,}8 + 1 * 34{,}5) * 1{,}5}{17272200} * 100 = 0{,}003\%$$

$$L_{TK} = L_H * n_o = 5234 * 3300 = 17272200м.$$

$$a = \frac{L_H * H_o}{L_б} = 164{,}8$$

$$K = O_б * L_H * n_o * 10^{-6} = 2 * 5234 * 3300 * 10^{-6} = 34{,}5$$

As peripécias de passar pelo básico

$$y_{np} = \frac{l_n}{L_H} * 100 = \frac{1}{5234} * 100 = 0{,}02\%$$

As peripécias da ligação das bases

$$y_{yз} = \frac{l_1 + l_2}{L_H} * 100 = \frac{1+1}{5234} * 100 = 0{,}04\%$$

Percentagem total de perdas por perfuração e atadura

$$y_n = \frac{0{,}02 * 10 + 0{,}04 * 90}{100} = 0{,}037\%$$

Rendimentos no tear de urdidura

$$y_o = (\frac{l_1 + l_2}{L_H - L_n} + O_o) * 100 = (\frac{1{,}5 + 1{,}5}{5234 - 1} + 0{,}016) * 100 = 1{,}66\%$$

$$O_o = \frac{M_{onep}}{M_o} = \frac{0{,}11}{6{,}91} = 0{,}016$$

Perdas no tear de trama

$$y_y = (\frac{l_1 + l_2 * K + l_3}{L_б} + O_y) * 100 = (\frac{2 + 1 * 1{,}6 + 10{,}5}{104800} + 0{,}054) * 100 = 5{,}40\%$$

$$K = \frac{O_б * y_б}{Py * l_y} = \frac{0{,}05 * 104800}{1800 * 1{,}853} = 1{,}6$$

$$O_y = \frac{0{,}54}{10{,}01} = 0{,}054$$

Percentagem total de monóxido de carbono por base

$y_{oc} = y_c + y_n + y_o = 0{,}003 + 0{,}037 + 1{,}66 = 1{,}7\%$

Consumo de urdidura por 100 m de tecido, incluindo o encolhimento

$M_o^1 = M_o * (1 + \frac{y_{oc}}{100}) = 6{,}91 * (1 + \frac{1{,}7}{100}) = 7{,}03кг$

Consumo de trama por 100 m de tecido, incluindo o desbotamento

$$M_y^1 = M_y * (1 + \frac{y_y}{100}) = 10{,}01 * (1 + \frac{5{,}4}{100}) = 10{,}55кг$$

Processo tecnológico de produção de falsos tecidos a céu aberto

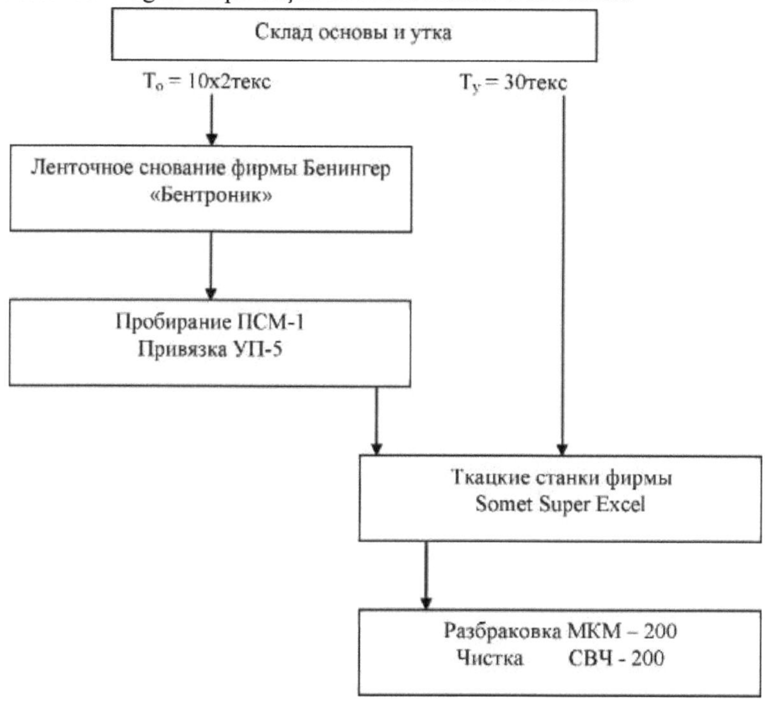

São selecionados parâmetros tecnológicos adequados para as transições.

No quarto capítulo, são apresentadas as propriedades físico-mecânicas, higiénicas e de consumo dos tecidos falsamente abertos e é mostrada a influência do número de transições de fios dentro do rapport do tecido e do tipo de matérias-primas utilizadas na trama sobre estas propriedades. Diversos materiais têxteis são largamente utilizados na produção de calçado como forros, almofadas e partes superiores de calçado. Devem possuir um complexo de propriedades físico-mecânicas e higiénicas e resistência ao desgaste. Durante o seu funcionamento, estão sujeitos a efeitos mecânicos repetidos (estiramento, resgate, flexão, etc.). Como a parte superior do calçado utiliza frequentemente materiais sintéticos que pioram as propriedades higiénicas do calçado, a utilização de materiais naturais, nomeadamente tecidos, melhora significativamente estas propriedades, tendo em conta as condições climáticas da região. As amostras de tecidos desenvolvidas (10 variantes) foram testadas quanto às propriedades físico-mecânicas (estiramento, alongamento, abrasão) e higiénicas (permeabilidade ao ar) no centro de certificação do TITLP em dispositivos modernos, de acordo com a metodologia desenvolvida de investigação laboratorial de tecidos.

Os resultados desses estudos são apresentados na Tabela 4.1, onde o numerador mostra os valores dos índices de produção de tecido com trama de capron. A Tabela 4.1 mostra que, com o aumento do número de transições da teia (t_{ocp}) e da trama (t_{ycp}): a carga de rutura na teia e na trama aumenta; a abrasão do tecido aumenta; a permeabilidade ao ar do tecido diminui, a exceção é a variante II, uma vez que a trama forma uma rede no tecido. A trama Capron aumenta a carga de rutura, o alongamento de rutura e a respirabilidade do tecido. Recomenda-se a utilização de tecidos falsamente abertos da variante II como parte superior do calçado, uma vez que este tecido apresenta bons indicadores de propriedades físico-mecânicas, higiénicas e de consumo.

Tabela 4.1.

Propriedades físico-mecânicas e higiénicas de tecidos falsamente abertos.

№	Opções de encadernação	Ro	Ry	tocp	ty p	Com base em		Sobre o pato		apagamento	Permeabilidade ao ar
						Rroh	Iro	P Rroo	Iru		
1	I	4	4	3,0	3,0	323	618	618	13,5	69	54
						328	1015	1015	16,6	38	127
2	II	6	6	4,7	4,7	74	12,7	671	12,9	74	162
						"3	9,7	1671	32,6	28	260
3	III	6	6	4,7	4,7	363	12,7	654	12,5	64	66
						328	9,7	1634	32,6	22	127
4	IV	12	12	9,3	9,3	371	12,5	630	12,5	61	88
						305	8,7	1655	31,6	18	156
5	V	12	12	9,3	9,3	371	12,5	626	13,9	57	89
						3Й	12,7	1634	31,8	19	169
6	VI	12	12	7,2	7,2	275	10,4	11,9	11,9	35	113
						274	12,0	33,7	33,7	16	237
7	VII	12	12	8,3	9,0	617	10,4	617	12,6	47	123
						1614	8,7	1614	27,8	15	203
8	VIII	12	12	6,3	5,5	236	10,7	560	10,2	21	134
						269	14,4	1551	15,9	12	253
9	IX	12	12	8,8	8,8	320	10,1	599	12,2	49	127
						308	10,1	1604	22,2	17	221
10	X	12	24	16	7,0	384	13,0	574	11,8	53	97
						361	15,2	1570	31,2	16	182

A análise do quadro 4.1 mostra que as propriedades físico-mecânicas e higiénicas do tecido são influenciadas pelo número de transições de fios de urdidura e de trama no âmbito do rapport, bem como pelo tipo de matérias-primas utilizadas na trama (numerador - algodão, denominador - kapron). Dados de resistência à tração, 38 ocpycpilustram claramente que, com o aumento do número de transições de fios (t e t): a carga de rutura na teia e na trama aumenta; a abrasão do tecido aumenta; a permeabilidade ao ar do tecido diminui, com exceção da variante II, uma vez que a trama forma um tipo de tecido em rede.

A utilização da trama de capron conduz a um aumento da carga de rutura, do alongamento e da transpirabilidade, bem como a uma diminuição da abrasão em relação aos tecidos em que se utiliza a trama de algodão, devido às propriedades físicas e mecânicas do fio de capron (carga de rutura, baixo coeficiente de atrito, alongamento, etc.). É conveniente utilizar tecidos de falso-jornal da variante II como parte superior do calçado, uma vez que este tecido apresenta bons indicadores de propriedades físicas e mecânicas, propriedades higiénicas e propriedades de consumo.

Otimização do processo de tecelagem para a produção de tecido falsamente aberto

Na indústria têxtil, os seguintes problemas de otimização são resolvidos através de métodos de programação linear: otimização da composição da mistura de fibras em função do seu custo; otimização da composição da mistura em função da irregularidade das fibras (o seu comprimento, densidade linear, carga de rutura, etc.); determinação do sortido ótimo de fios, tecidos e malhas produzidos pelas empresas com o equipamento disponível; distribuição óptima da produção de um determinado sortido de fios, tecidos e malhas com o equipamento disponível; seleção do modo ótimo de transporte de matérias-primas (p

Praticamente nenhuma solução para um problema de otimização pode ser expressa por uma expressão algébrica finita, podendo ser obtida apenas como resultado de sucessivas operações algébricas e lógicas. O método de resolução destes problemas é descrito por alguns algoritmos. Um algoritmo é uma sequência de acções definida sem ambiguidade que conduz à solução de um problema (num caso particular, um algoritmo permite estabelecer que o problema não tem solução ou não tem solução final). Um algoritmo refere-se a métodos computacionais de solução, pelo que se baseia sempre em procedimentos numéricos. São impostas aos algoritmos algumas exigências, cujo cumprimento caracteriza as suas capacidades: a exaustividade, ou seja, a não ambiguidade das regras prescritas pelo algoritmo, a presença de uma forma prática de construir a solução experimental inicial, se necessário, a necessidade de antecipar todas as situações que podem surgir no processo de cálculo para diferentes dados iniciais; a área de aplicabilidade é determinada pela classe de problemas a resolver, a simplicidade de determinar se o problema pertence a esta classe, os procedimentos computacionais dos procedimentos computacionais, a natureza demorada dos procedimentos computacionais.

Durante o estudo, controla diretamente o curso da otimização no modelo, concorda com as suas ideias sobre o processo, faz correcções no curso da otimização (altera a área de pesquisa, os parâmetros ou a estrutura do modelo, introduz novas restrições ou exclui as existentes, modifica a função objetivo, etc.), acelerando significativamente e aumentando a eficiência da solução. Assim, na resolução de um problema de otimização, é possível combinar as vantagens do computador e do modelo matemático (rapidez de solução, abordagem sistemática) com a experiência e a intuição do decisor. A primeira solução é um conceito matemático: uma solução óptima leva a função objetivo ao extremo, o que serve de indicador da eficácia da decisão. A solução eficiente é um conceito de engenharia: uma solução eficiente é entendida como a melhor solução entre todas as soluções possíveis, mas a sua definição não se limita aos métodos formais de otimização, exigindo que se tenha em conta a experiência e a intuição dos investigadores que tomam a decisão. Por conseguinte, as soluções óptimas e eficazes não coincidem na maioria das vezes. Esta diferença desempenha um papel fundamental na fase de aplicação dos resultados da solução dos problemas de otimização. Se a diferença for grande, o valor da solução óptima encontrada com a ajuda de um modelo matemático de otimização e o esforço despendido na otimização são próximos de zero. O grau de diferença é determinado principalmente pela adequação do modelo utilizado ao processo optimizado. É muito difícil construir um modelo de processo completo e, assim, garantir a sua adequação. No entanto,
normalmente os valores das variáveis controladas próximas do ótimo são conhecidos antes da otimização, pelo que o ganho resultante da resolução do problema de otimização é pequeno em comparação com o esforço e o tempo despendidos. A eficiência da otimização com a ajuda de modelos pode ser aumentada se a adequação do modelo ao processo optimizado for conseguida não através da sua complicação, ou seja, garantindo a sua exaustividade, mas através da adaptação do modelo às condições variáveis do processo que não estão reflectidas no modelo original. Os interesses de um investigador que toma uma decisão não se reduzem geralmente a uma solução óptima ou eficiente. É mais importante conhecer as consequências de um desvio da solução eficiente, nomeadamente devido à diferença entre as soluções óptima e eficiente. As questões deste tipo dizem respeito à análise da sensibilidade do processo a variações de parâmetros em condições quase óptimas. A utilização de um modelo facilita muito a resolução deste problema.
$_3$Neste trabalho, foram escolhidos três parâmetros principais, ou seja, três variáveis independentes principais: x_1 - tensão de enchimento da teia, cN; x_2 - dimensão da escarpa, mm; x - posição do escalpe em relação ao esterno em

altura, mm. Verifica-se que a rotura do fio de teia a valores baixos da tensão de enchimento aumenta com o aumento da sobretensão. Em seguida, à medida que a tensão de urdidura aumenta, a taxa de rutura diminui e aumenta novamente à medida que a tensão de urdidura aumenta ainda mais devido à sobretensão da urdidura. O tamanho do remate afecta as condições da franja de trama e, consequentemente, o tamanho da franja. À medida que o contraforte aumenta, as condições de passagem do fio de trama melhoram e o tamanho da tira de superfície diminui. Por isso, quando se produzem tecidos com uma taxa de enchimento mais elevada, recomenda-se um remate maior. À medida que o contraforte diminui, o tamanho da saliência aumenta e ocorre um fenómeno de choque dinâmico, que pode aumentar a rutura dos fios de teia. O grau de movimento da trama sobre os fios de urdidura no momento da surfa depende da tensão dos fios principais nas partes superior e inferior do galpão. Quando a tensão dos ramos do galpão é diferente, criam-se condições mais favoráveis para a surfaçagem do fio de trama, ou seja, melhoram-se as condições de formação do tecido e reduz-se a rotura do fio de teia. Por outro lado, grandes desvios em relação ao nível simétrico do galpão podem criar um enfraquecimento da tensão num ramo e aumentá-la no outro, ou seja, levar à rutura de fios de teia com tensão fraca. A diferença de tensão entre os ramos superior e inferior do galpão pode ser controlada pela altura do penhasco. Os factores selecionados satisfazem todos os requisitos da teoria do planeamento matemático da experiência: não há permutabilidade de factores, podem ser medidos com os meios disponíveis, podem ser variados dentro de uma gama suficientemente ampla de valores mínimos e máximos e tomados com a precisão necessária. Quanto aos outros parâmetros tecnológicos da alimentação da máquina-ferramenta, todos eles se mantiveram constantes durante a experiência. A seleção dos intervalos e dos valores dos factores para os cinco níveis de variação foi efectuada tendo em conta as capacidades tecnológicas da preparação da máquina-ferramenta, que são apresentadas no Quadro 1.

Quadro 4.2...

Níveis de variação dos factores

Factores	Níveis de variação					Intervalo
	-1,682	-1,0	0	+1,0	+1,682	
x1-tensão de urdidura do enchimento, cN	13	16	20	24	27	4
X2-valor do desvio, mm	7	10	15	20	23	5
3x - posição da rocha em relação ao esterno, mm	-15	-10	0	+10	+25	15

Experiência de Composição Central Rotativa (RCCE)

23que realizamos para descrever a secção estacionária da superfície de resposta e a experiência realizada sobre a matriz selecionada permite-nos obter um modelo matemático de segunda ordem que descreve a influência dos factores x1, x , x sobre os parâmetros de otimização selecionados da seguinte forma

$$y = в_0 + в_1x_1 + в_2x_2 + в_3x_3 + в_{12}x_1x_2 + в_{23}x_2x_3 + в_{13}x_1x_3 + в_{11}x_1^2 + в_{22}x_2^2 + в_{33}x_3^2 \quad (4.1)$$

*0ia02122313*em que: *c* , *B* , *c^*, *c* - coeficiente de regressão; *c* - termo livre; *c1*, *c* , *c* - coeficientes de regressão dos termos lineares; *c* , *c* , *c* - coeficientes de interação dos factores; *c11, c22, c33* - coeficientes de regressão dos termos ao quadrado.

O quadro *4.3* apresenta a matriz de planeamento da CREC. O cálculo dos coeficientes de regressão e os cálculos subsequentes foram efectuados na seguinte sequência.

$$в_0 = g_1\sum_{u=1}^{N}\overline{y}_u - g_2\sum_{i=1}^{M}\sum_{u=1}^{N}x_{iu}^2\overline{y}_u$$

$$в_0 = 0{,}1663(3{,}44) - 0{,}0568(8{,}076) = 0{,}113$$

Tabela 4.3.

Matriz de planeamento da CREC

Ordem de aleatorização	Número de experiências	Factores			Critério de otimização Yu warp breaks	$(Y_U-Y_R)^2$
		X1	X2	X3		
20	1	+	+	+	0,28	0,000049
19	2	+	+	-	0,20	0,000061
18	3	+	-	+	0,27	0,00001
17	4	+	-	-	0,33	0,000026
16	5	-	+	+	0,36	0,000052
15	6	-	+	-	0,43	0,000073
14	7	-	-	+	0,29	0,000057
13	8	-	-	-	0,49	0,000016
1	9	0	0	0	0,26	0,0001
2	10	0	0	0	0,25	0,0001
3	11	0	0	0	0,27	0,0001
4	12	0	0	0	0,26	0
5	13	0	0	0	0,25	0,0001
6	14	0	0	0	0,25	0,0001
11	15	+1,682	0	0	0,50	0,000010
12	16	-1,682	0	0	0,63	0,000100
9	17	0	+1,682	0	0,32	0,000292
10	18	0	-1,682	0	0,40	0,000015
7	19	0	0	+1,682	0,18	0,000090
8	20	0	0	-1,682	0,20	0,000034

$$в_1 = g_2\sum_{u=1}^{N} x_{iu}\overline{Y}_u$$

$$в_1 = 0{,}0732\cdot(-0{,}455) = -0{,}033$$

$$в_2 = g_3\sum_{u=1}^{N} x_2\overline{Y}_u$$

$$в_2 = 0{,}0732\cdot(-0{,}11) = -0{,}008$$

$$в_3 = g_3\sum_{u=1}^{N} x_3\overline{Y}_u$$

$$в_3 = 0{,}0732\cdot(-0{,}15) = -0{,}011$$

Os coeficientes de interação entre pares da equação de regressão foram determinados utilizando a fórmula:

$$в_{ij} = g_u\sum_{u=1}^{N} x_{iu}\cdot x_{ju}\cdot\overline{Y}_u$$

$$в_{12} = 0{,}125\cdot(-0{,}12) = -0{,}015$$

$$в_{13} = 0{,}125\cdot(0{,}18) = 0{,}023$$

$$в_{23} = 0{,}125\cdot(0{,}2) = 0{,}025$$

Os coeficientes dos termos quadráticos da equação de regressão são determinados pela fórmula:

$$в_{ij} = g_6\sum_{u=1}^{N} x_u^2\cdot\overline{Y}_u + g_6\sum_{i=1}^{M}\sum_{u=1}^{N} x_{iu}^2\cdot\overline{Y}_u - g_2\sum_{u=1}^{N} Y_u$$

$$в_{11} = 0{,}0625\cdot(3{,}58) + 0{,}0069\cdot(8{,}076) - 0{,}0568\cdot(3{,}44) = 0{,}084$$

$$в_{22} = 0{,}0625\cdot(2{,}53) + 0{,}0069\cdot(8{,}076) - 0{,}0568\cdot(3{,}44) = 0{,}018$$

$$в_{33} = 0{,}0625\cdot(1{,}965) + 0{,}0069\cdot(8{,}076) - 0{,}0569\cdot(3{,}44) = -0{,}017$$

De acordo com o método de processamento dos resultados experimentais, é determinada a variância do parâmetro de saída na experiência ou a variância da reprodutibilidade:

$$S^2\{\overline{Y}\} = S_u^2\{Y\} = \frac{1}{N_u - 1}\sum_{U_u=1}^{N_u=6}\left(Y_{u_u} - \overline{Y}_u\right)^2$$

$$S^2\{\overline{Y}\} = \frac{1}{5}\cdot 0{,}000134 = 0{,}00003 \qquad \overline{Y}_u = 0{,}113$$

Em seguida, determina-se a variância dos coeficientes de regressão:

$$S^2\{в_0\} = g_1\cdot S^2\{\overline{Y}\}$$

$$S^2\{в_0^0\} = 0{,}1663\cdot 0{,}00003 = 0{,}000005 \quad S\{в_0^0\} = 0{,}0022$$

$$S^2\{в_i\} = g_3\cdot S^2\{\overline{Y}\}$$

$$S^2\{в_i^0\} = 0{,}0732\cdot 0{,}00003 = 0{,}0000022 \qquad S\{в_i^0\} = 0{,}0015$$

$$S^2\{в_{ij}\} = g_4\cdot S^2\{\overline{Y}\}$$

$$S^2\{в_{ij}^0\} = 0{,}125\cdot 0{,}00003 = 0{,}0000038 \quad S\{в_{ij}^0\} = 0{,}0019$$

$$S^2\{в_{ii}\} = g_7\cdot S^2\{\overline{Y}\}$$

$$S^2\{в_{ii}^0\} = 0{,}0695\cdot 0{,}00003 = 0{,}0000021 \qquad S\{в_{ii}^0\} = 0{,}0014$$

$$t_R = \frac{|\sigma|}{S\{\sigma\}}$$

$$t_R\{\sigma_0\} = \frac{0,113}{0,0022} = 51,36$$

$$t_R = \frac{|\sigma_i|}{S\{\sigma_i\}}$$

$$t_R\{\sigma_1\} = \frac{0,033}{0,0015} = 22$$

$$t_R\{\sigma_2\} = \frac{0,008}{0,0015} = 5,33$$

$$t_R\{\sigma_3\} = \frac{0,011}{0,0015} = 7,33$$

$$t_R\{\sigma_{ij}\} = \frac{|\sigma_{ij}|}{S\{\sigma_{ij}\}}$$

$$t_R\{\sigma_{12}\} = \frac{0,015}{0,0019} = 7,9$$

$$t_R\{\sigma_{13}\} = \frac{0,023}{0,0019} = 12,1$$

$$t_R\{\sigma_{23}\} = \frac{0,025}{0,0019} = 13,2$$

Para determinar a significância dos coeficientes de regressão, são utilizados os critérios de Student

$$t_R\{\sigma_{ii}\} = \frac{|\sigma_{ii}|}{S\{\sigma_{ii}\}}$$

$$t_R\{\sigma_{11}\} = \frac{0,084}{0,0014} = 60,0$$

$$t_R\{\sigma_{22}\} = \frac{0,018}{0,0014} = 12,9$$

$$t_R\{\sigma_{33}\} = \frac{0,017}{0,0014} = 12,15$$

Valor tabular Critério de Student

$$t_T\lfloor P_D = 0,95; \quad fS_y^2\ 6-1=5\rfloor = 2,571$$

Os coeficientes de regressão são significativos se tR>tT. Neste caso, todos os coeficientes são significativos. O modelo matemático que descreve a dependência da quebra em relação aos factores selecionados é o seguinte

$$\mathbf{y_R = 0,112 - 0,032X_1 - 0,008X_2 - 0,011X_3 - 0,015X_1 \cdot X_2 + 0,024X_1 \cdot X_3 + 0,023X_2 \cdot X_3 + 0,082X_1^2 + 0,017X_2^2 - 0,016X_3^2} \quad (4.2)$$

$_T$Para testar a hipótese de adequação do modelo obtido, utilizamos o critério de Fisher, cujo valor calculado é comparado com o valor tabelado *de F* . $_{RTD}$Se *F* <*F* , então com probabilidade *P a* hipótese de adequação do modelo obtido não é rejeitada.

Os valores calculados do critério de Fisher são iguais:

$$F_R = \frac{S_{ad}}{S_E}$$

$$S_E = \sum_{u=1}^{N_u} (y_u - \bar{y})^2$$

$$S_R = \sum_{u=1}^{N} (\bar{y} - y_R)^2$$

$$S_{ad} = S_R - S_E$$

$$S_E = 0{,}00008$$

$$S_R = 0{,}00019$$

$$S_{ad} = 0{,}00019 - 0{,}00008 = 0{,}00011$$

$$F_R = \frac{0{,}00011}{0{,}00008} = 1{,}38$$

Valor tabular do critério de Fisher

$$F_T[P_D = 0{,}95;\quad f_1 = N(m-1) = 20,\quad f_2 = N - N_k = 14] = 2{,}28$$

Uma vez que FR<FT, a hipótese de adequação dos modelos obtidos não é rejeitada ao nível de confiança PD=0,95.

23213312Para determinar os parâmetros óptimos de produção de tecido, avaliaremos a eficiência da experiência tecnológica através de cortes: y= f (x) a x , x constante; y= f (x) a x , x constante; y= f (x) a x , x constante. Os quadros 4.4 a 4.6 resumem os resultados dos cálculos de rutura a partir dos factores de entrada. Como se pode ver, todas as equações são equações de parábola. 12A análise das curvas (Figs. 4.1-4.2) traçadas pelas equações obtidas mostra que a variação de y a partir de x e x tem a forma de parábolas côncavas. (Figuras 4.1, 4.2, 4.4). 3A influência de x3 (posição do couro cabeludo em relação ao peito do tear, Fig. 4.3) em y é representada por uma parábola convexa com valores mínimos de y em x iguais a - 1,68 e + 1,68, respetivamente. Por conseguinte, durante a produção deste tecido, é aconselhável levantar a escama o mais possível, ou baixá-la o mais possível em relação ao esterno, e levantar a escama (x3= +1,68), como mostra a Fig. 4.4 conduz à quebra mais baixa. A curva de variação da rotura y traçada separadamente a partir da posição do desvio x2 no valor zero x1 (tensão dos fios principais) e a rocha máxima levantada x3= +1,68 mostra (ver Fig. 4.4) que em x2=0 é possível reduzir a rotura dos fios em 2 vezes, ou seja, os parâmetros terão os seguintes valores: a tensão dos fios principais - 20 cN (por 1 fio); o valor do desvio - 15 mm; a posição da rocha em relação ao esterno - (+ 25) mm. Com estes valores de parâmetros, a rotura das roscas principais não excederá 0,05 rotura por 1 m.

Tabela 4.4.

Resultados do cálculo y=f(x1) a x2 e x3 constantes

№	Valores constantes dos factores	Rutura do fio *ao* valor das variáveis do fator x1				
		-1,682	-1	0	+1	+1,682

1	x2=-1, xz=-1	0,465	0,283	0,158	0,201	0,327
2	x2=-1, Xz=0	0,407	0,241	0,139	0,205	0,347
3	x2=-1, Xz=1	0,261	0,164	0,085	0,174	0.zz1
4	x2=0, Xz=-1	0,385	0,247	0,107	0,135	0,251
5	x2=0, Xz=0	0,407	0,23	0,113	0,164	0,295
6	x2=0, Xz=1	0,340	0,179	0,085	0,159	0,306
7	x2=1, xz=-1	0,449	0,247	0,092	0,105	0,211
8	x2=1, xz=0	0,391	0,225	0,123	0,189	0.zz1
9	x2=1, Xz=1	0,400	0,229	0,12	0,179	0,316

Tabela 4.5.

21Resultados do cálculo y=f(x) a x constante e x_3

№	Valores constantes dos factores	Rutura do fio de urdidura *y* variáveis x valor do fator2				
		-1,68	-1	0	+ 1	+1,68
1	x1=-1, xz=-1	0,328	0,283	0,247	0,247	0,268
2	x1=-1, xz=0	0,269	0,241	0,230	0,255	0,293
3	x1=-1, xz=1	0,176	0,165	0,179	0,229	0,284
4	x1=0, xz=-1	0,214	0,158	0,107	0,092	0,102
5	x1=0, xz=0	0,177	0,139	0,113	0,123	0,151
6	x1=0, xz=1	0,107	0,086	0,085	0,12	0,165
7	x1=1, xz=-1	0.z1z	0,247	0,181	0,151	0,151
8	x1=1, xz=0	0,254	0,205	0,164	0,159	0,176
9	x1=1, xz=1	0,207	0,175	0,159	0,179	0,213
10	x1=0,xz=1,68	0,241	0,115	0,046	0,098	0,155

Tabela 4.6.

Resultados do cálculo y=f(x_3) a x1 e x_2 constantes

№	Valores constantes dos factores	Rutura do fio de urdidura *y* variáveis x valor do fator$_3$				
		-1,68	-1	0	+ 1	+1,68
1	x_1=-1, X2=-1	0,190	0,283	0,241	0,165	0,094
2	x_1=-1, X2=0	0,239	0,247	0,23	0,179	0,125
3	x_1=-1, X2=1	0,222	0,247	0,255	0,229	0,192
4	x_1=0, X2=-1	0,151	0,158	0,139	0,086	0,051
5	x_1=0, X2=0	0,115	0,107	0,103	0,085	0,077
6	x_1=0, X2=1	0,052	0,092	0,123	0,120	0,098
7	x_1=1, X2=-1	0,179	0,201	0,205	0,175	0,135
8	x_1=1, X2=0	0,096	0,135	0,164	0,159	0,136
9	x_1=1, X2=1	0,06	0,100	0,159	0,179	0,173

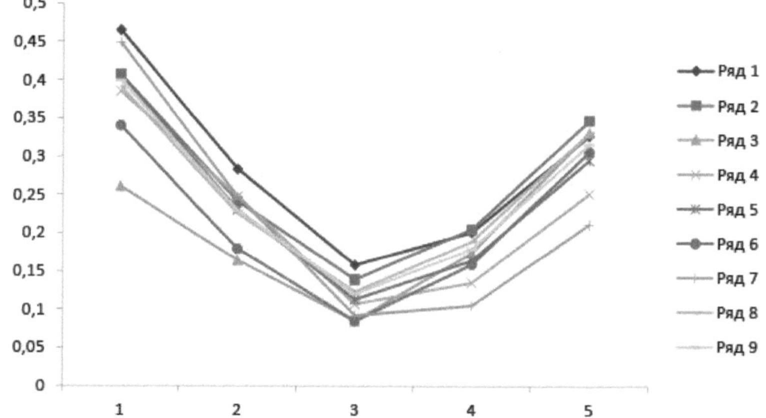

Linha1 - X2 = -1 ; x_z = -1 Linha2- X2 = -1 ; x_z = 0 Linha3 - X2 = -1 ; x_z = 1
$_{232323}$Linha4 - *x* = *0* ; *x* = -1 Linha5- x = *0* ; *x* = *0* Linha6 - *x* = *0* ; *x* = 1
Linha7 - x2 = 1 ; x_z = -1 Linha8- x2 = 1 ; x_z = 0 Linha9 - x2 = 1 ; x_z = 1

Figura 4.1. Influência da tensão de enchimento da teia na rotura do fio

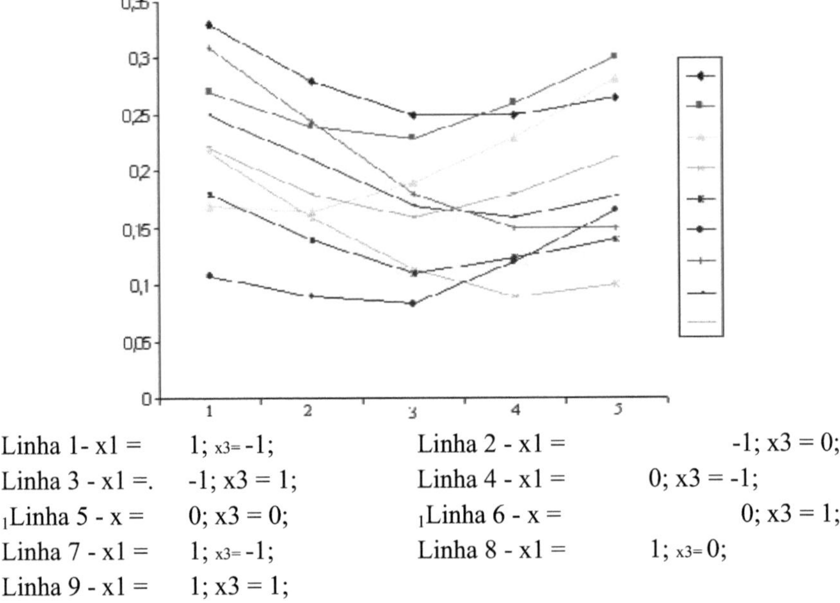

Linha 1- x1 = 1; x3= -1; Linha 2 - x1 = -1; x3 = 0;
Linha 3 - x1 =. -1; x3 = 1; Linha 4 - x1 = 0; x3 = -1;
$_1$Linha 5 - x = 0; x3 = 0; $_1$Linha 6 - x = 0; x3 = 1;
Linha 7 - x1 = 1; x3= -1; Linha 8 - x1 = 1; x3= 0;
Linha 9 - x1 = 1; x3 = 1;

Fig.4.2 Influência do tamanho da abertura na rotura da rosca

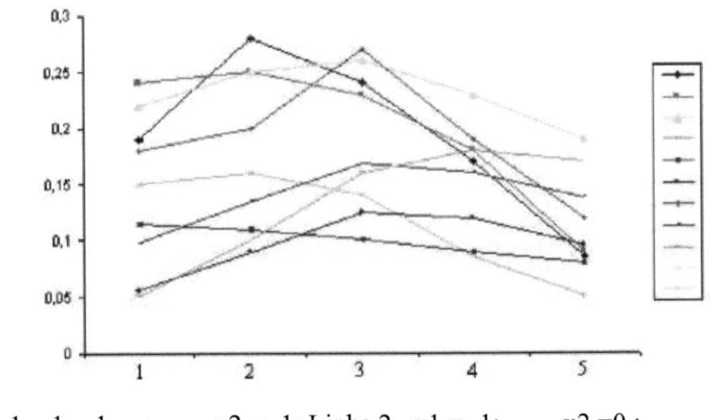

Linha 1- x1 =-1 ; x2 = -1; Linha 2 - x1 = -1; x2 =0 ;
Linha 3 - x1 =-1 ; x2 = 1; Linha 4 - x1 =0 ; x2=-1 ;
Linha 5 - x1 =0 ; x2 = 0; Linha 6 - x1 =0 ; x2 =1 ;
Linha 7 - x1 =1 ; x2= -1; Linha 8 - x1 =1 ; x2=0 ;
Linha 9 - x1 =1 ; x2 = 1;

Fig.4.3 Efeito da posição do escalo na rutura da linha

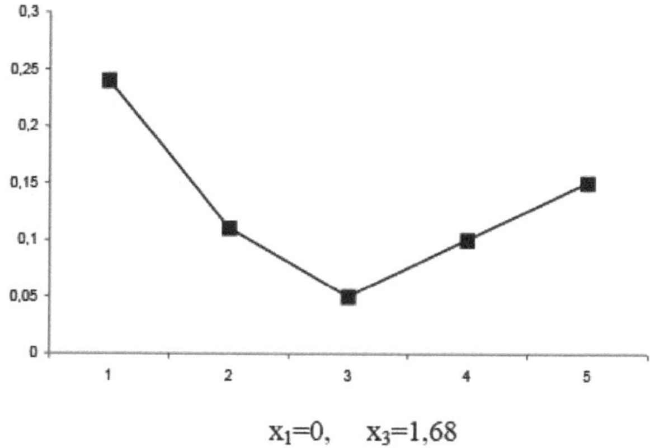

Fig. 4.4 Influência da quantidade de passo em excesso na quebra da rosca

A determinação da CREC inclui as seguintes etapas: realização de uma experiência preliminar; planeamento da PFE; procura das condições para a realização da PFE; realização da experiência principal de acordo com as matrizes de planeamento da experiência; processamento dos resultados experimentais; análise do modelo obtido. A experiência preliminar é realizada para determinar a exatidão da medição do parâmetro de saída e o nível de confiança das suas medições e para testar a hipótese da normalidade da distribuição das variáveis aleatórias. O planeamento do PFE inclui: compilação da matriz de planeamento, planeamento de experiências repetidas e aleatorização das experiências. No planeamento por factores, ao contrário do planeamento tradicional (fator único) da experiência, o valor dos coeficientes de regressão pode ser utilizado para avaliar a influência não só de cada fator de entrada, mas também da sua interação, ou seja, a alteração da influência de um fator quando o segundo fator é transferido para outro nível. Com a matriz da experiência e as condições experimentais, o investigador realiza a experiência principal, introduzindo as amostras repetidas obtidas na tabela da experiência dos valores do parâmetro de saída. Uma vez que o processo de tecelagem não é estacionário no tempo e um grande número de experiências distorce os resultados devido a diferentes perturbações no processo, foi aplicada a aleatorização das experiências no planeamento da experiência. Neste trabalho, foi adotado o método composto central de planeamento da experiência de segunda ordem, que dá a possibilidade de estudo detalhado, descrição e otimização do processo de tecelagem na área de otimização investigada. A seleção dos intervalos e dos valores dos factores para os cinco níveis de variação foi feita a partir da consideração das capacidades tecnológicas de alimentação do

tear, que é apresentada na Tabela 4.2. O tratamento dos resultados da PFE, 49 inclui as seguintes operações. Exclusão dos valores fortemente diferenciados. Teste da hipótese de homogeneidade das dispersões nas experiências matriciais utilizando o critério de Kochren. Como resultado dos cálculos, obtém-se um modelo multifatorial de regressão, que, no entanto, não é o modelo final do processo estudado. Tendo obtido o modelo matemático (4.2), procedemos à sua análise. Os valores dos coeficientes de regressão caracterizam a contribuição do fator correspondente para o valor do parâmetro de saída quando o fator passa do nível básico para o nível superior ou inferior. Depois de verificar a significância dos coeficientes de regressão, este RMFM especifica o teste de significância dos coeficientes de regressão. Para o efeito, é utilizado o critério de Student, cujo valor calculado é comparado com o valor tabelado. Se o valor calculado for superior ao valor tabelado, a hipótese de significância dos coeficientes de regressão não é rejeitada. Em caso de insignificância de qualquer coeficiente de regressão, este pode ser rejeitado sem recalcular todos os outros coeficientes. No nosso caso, todos os coeficientes do modelo da equação (4.2) são significativos. Para avaliar, grosso modo, a adequação de um modelo matemático linear, utilizam-se os seguintes sinais indirectos: se pelo menos um coeficiente de regressão de interação for significativo, o modelo linear não pode ser adequado; se a hipótese de adequação for rejeitada, é necessário proceder à descrição do processo por um polinómio de segunda ordem com base noutro tipo de experiência ou, se for possível, realizar uma experiência com um intervalo de variação dos níveis dos factores mais pequeno. No entanto, a redução do intervalo de variação leva à necessidade de aumentar o número de experiências repetidas e a uma diminuição dos valores dos coeficientes de regressão. A adequação do modelo obtido foi verificada pelo critério de Fisher. O modelo obtido (4.2) é adequado. Quanto maior for o coeficiente na equação de regressão (4.2), maior é o efeito desse fator, ou seja, mais forte é a influência do fator no parâmetro de saída. Assim, pelo valor dos coeficientes de regressão
no modelo, podemos ordenar os factores pela força da sua influência no
parâmetro de produção. O sinal que precede o coeficiente de regressão determina a natureza da influência do fator no parâmetro de output. Os factores cujos coeficientes têm um sinal de mais aumentam o valor do parâmetro de saída e os que têm um sinal de menos reduzem-no. 123213312Com base no modelo matemático, a estimativa da experiência tecnológica foi efectuada por meio de fatias: Y = f (x) a x constante , x ; Y = f (x) a x constante , x ; Y = f (x) a x constante , x . A análise dos gráficos 1.- 3 mostra que todas as equações são equações de parábola, nas Figuras 4.1-4.2 a variação de **Y** em relação a x1 e x2 tem o aspeto de parábolas côncavas. 3 O efeito de x3 (posição do couro cabeludo

em relação ao peito do tear, Fig.3) em **Y** é representado por uma parábola convexa com valores y mínimos em x iguais a - 1,68 e + 1,68, respetivamente. Por conseguinte, durante a produção deste tecido, é aconselhável elevar a scala o mais possível, ou baixá-la o mais possível em relação ao esterno, e a elevação da scala (x_3= +1,68), como mostra a Fig. 4.1 conduz à quebra mais baixa. $_{232}$A curva de variação da rutura y traçada separadamente a partir da posição do desvio x no valor zero x1 (tensão dos fios principais) e da rocha máxima elevada x = +1,68 mostra (ver Fig. 4.1) que em x = 0 é possível reduzir a rutura dos fios em 2 vezes, ou seja, os parâmetros terão os seguintes valores: tensão dos fios principais - 20 cN (por 1 fio); o valor do desvio - 15 mm; a posição da rocha em relação ao esterno - (+ 25) mm. Com estes valores de parâmetros, a rutura das roscas principais não deve exceder 0,05 rupturas por 1 m.

Além disso, foi efectuada a conceção de tecidos para palmilhas de calçado. No fabrico de calçado, vários materiais têxteis são amplamente utilizados como forros, almofadas (palmilhas), em alguns casos, e partes superiores de calçado, tendo estas últimas sido investigadas nos capítulos anteriores. A espessura desejada da palmilha (2,5-5,0 mm) pode ser obtida de três formas.

No primeiro método, várias camadas de tecido são coladas umas às outras. Contudo, neste caso, a permeabilidade ao ar e a higroscopicidade do tecido são reduzidas e o processo de fabrico do calçado torna-se mais difícil.

No segundo método, várias camadas de tecido são cosidas ou tecidas em conjunto. Neste caso, os custos de mão de obra aumentam e a tecnologia de produção de palmilhas torna-se mais complicada.

No terceiro método, a espessura das palmilhas é regulada pela utilização de fios de elevada densidade linear no tecido. Isto provoca uma boa higroscopicidade e respirabilidade das palmilhas, simplifica a tecnologia de fabrico das palmilhas, a superfície das palmilhas tem relevos, que estão em contacto com as solas dos pés massajando os pés ao caminhar.

De acordo com a metodologia terapêutica Su Jok, os pés são um reflexo exato de todo o corpo humano, pelo que ao massajar os pontos dolorosos (zonas, áreas) é possível eliminar a dor e proporcionar efeitos terapêuticos (preventivos) no corpo doente e no corpo como um todo.

Atualmente, os médicos e cientistas tratam muitas doenças - massagem com sementes, acupunctura, ímanes, moxa (queima com paus de absinto), etc. Oferecemos uma palmilha com propriedades terapêuticas que se diferencia pelo facto de na superfície do tecido haver um relevo em forma de sementes, e dependendo das zonas de contacto no relevo podem ser utilizadas fibras de seda, linho, mandioca, algodão, kenaf, etc. No trabalho, na primeira fase, foi definida a tarefa de conceber tecidos de acordo com a espessura dada, com base na tecnologia informática. Para resolver a tarefa, foram compilados um algoritmo e um programa para calcular a espessura do tecido. $_{овуворуг}$Neste caso, foram fixados os seguintes parâmetros iniciais - espessura do tecido ***Ttk***, coeficiente de encurvadura dos fios na direção vertical da urdidura η e da trama η, coeficiente de encurvadura dos fios na direção horizontal da urdidura η e da trama η, padrão de trama do tecido na urdidura Ro e na trama *Ry*, $_{0y}$coeficientes que determinam os diâmetros Co da urdidura e Su da trama, o número de tramas **t** da urdidura e **t** da trama, o coeficiente da relação dos diâmetros dos fios *Kd*, *o* coeficiente da relação das densidades do tecido ***Kp***, apresentados no quadro 4.7.

Tabela 4.7.

Parâmetros definidos da estrutura do tecido projetado.

Ttk	*L* ov	7 uv	*L* og	7 ug.	*R* o	*Ry*,	Assim	Soo	t.	t_y	*Kd*	*Kp*
4,5	0,8	0,7	1,2	1,3	2	2	1,25	1,25	2	2	1	2,1

$_p$Em seguida, determinámos os limites e o intervalo dos valores possíveis do diâmetro médio do fio dc e da densidade média do fio no tecido *Pcp*. $_{ymaxmax}$Calculámos a altura da onda de flexão dos fios de trama ***hu*** e dos fios de teia ho, a densidade geométrica da teia *lo*, ou da trama ***1***, ***a*** soma dos diâmetros verticais de um sistema de fios e dos diâmetros horizontais de outro sistema de fios ***A***, a altura máxima possível das ondas de flexão da trama ***h*** ou da teia ho , a espessura calculada do tecido ***Ttkr***. $_{ТКТКр}$Os resultados dos cálculos são apresentados no quadro 2. A comparação dos valores da espessura de tecido especificada Ttk com os valores calculados Ttkr mostra que a variante mais próxima é a segunda, ou seja, T = T 4,5 ~ 4,43. $_{oyoy}$Além disso, determinámos os diâmetros dos fios de urdidura ***do*** e ***dy*** da trama, a densidade linear dos fios de urdidura *T* e dos fios de trama *T* , a densidade do tecido por urdidura ***P*** e por trama ***P*** , que são apresentados no Quadro 4.8. A análise do quadro 4.8 e do quadro 4.9 mostra que a densidade geométrica diminui hiperbolicamente com o aumento da densidade média do tecido e que, com o aumento da densidade média do tecido e do diâmetro médio do fio, a altura da onda de flexão do fio, a densidade tecnológica e a espessura do tecido aumentam linearmente. $_{oyoy}$Para a produção no tear manual, tomou-se como base o tecido concebido da segunda variante (*T* =*T* =50x48 tex, *P* =*42* fios/dm, *P* =*20* fios/dm) e as variantes adicionais, que são apresentadas no quadro 4.$_6$10. Composição fibrosa do fio em todas as variantes, fio de algodão torcido na teia e na trama, tecido liso, número de canas N = 20 dentes/dm, número de fios por dente de cana z =2 e z =2,5.

Tabela 4.8.

Resultados do cálculo da espessura do tecido

№	dcp	*R* cf cf	***h y***	*lo*	A	***h o***	TtKO	TtKp

1.	1,875	0,615	0,907	1,200	3,750	2,662	4,162	4,162
2.	1,988	0,581	0,962	1,270	3,975	2,840	4,430	4,430
3.	2,100	0,549	1,016	1,344	4,200	3,016	4,696	4,696
4.	2,213	0,522	1,071	1,414	4,425	3,192	4,962	4,962
5.	2,325	0,496	1,125	1,488	4,650	3,367	5,227	5,227
6.	2,438	0,473	1,179	1,561	4,875	3,542	5,492	5,492
7.	2,550	0,452	1,234	1,633	5,100	3,716	5,756	5,756
8.	2,663	0,433	1,288	1,705	5,325	3,889	6,019	6,019
9.	2,775	0,416	1,343	1,774	5,550	4,062	6,282	6,282
10.	2,888	0,400	1,397	1,845	5,775	4,235	6,545	6,545
11.	3,000	0,385	1,452	1,1917	6,000	4,408	6,808	6,808

Tabela 4.9.

Resultados do cálculo da densidade tecnológica do tecido

№	dy mm	do mm	T o o tex	T 1 no tex	Po rosca/mm	Pfio/mm
1.	1,875	1,875	2250	2250	0,416	0,198
2.	1,988	1,988	2528	2528	0,394	0,188
3.	2,100	2,100	2822	2822	0,374	0,177
4.	2,213	2,213	3133	3133	0,354	0,169
5.	2,325	2,325	3460	3460	0,336	0,160
6.	2,438	2,438	3802	3802	0,320	0,153
7.	2,550	2,550	4162	4162	0,307	0,146
8.	2,663	2,663	4537	4537	0,293	0,140
9.	2,775	2,775	4928	4928	0,282	0,134
10.	2,888	2,888	5336	5336	0,271	0,129
11.	3,000	3,000	5760	5760	0,261	0,124

Tabela 4.10.

Caracterização técnica de amostras de tecidos para calçado

N.º Amostras de tecido	Densidade linear do fio, tex		Densidade do fio por 10 cm de tecido		Densidade superficial do tecido gr/m^2
	base	patos	Com base em	Sobre o pato	
1.	50x48	50x24	43	23	1350
2.	50x48	50x48	42	20	1530
3.	50x48	50x48	26	31	1390
4.	50x48	50x24	27	34	1080

Os resultados do quadro 4.11 mostram que cada uma das amostras produzidas tem indicadores de qualidade diferentes. Por conseguinte, para facilitar a sua comparação, foi utilizada a avaliação complexa da classificação dos resultados do processamento, que são apresentados no quadro 4.12.

Tabela 4.11.

Propriedades físicas, mecânicas e higiénicas dos tecidos para calçado

N.º Amostras de tecido	A carga de rutura dos fios , H		Resistência à água mm. coluna de água	[32]Ar - Capacidade cm /cm . seg	Ciclos de resistência ao desgaste	gesto osso mn/cm^2	Wettability %
	base	patos					
1.	450	430	10	7,50	5000	419899	22,9
2.	480	520	12	2,63	5000	458967	20,0
3.	420	480	11	3,27	5000	445687	21,9
4.	430	410	8	22,12	5000	385625	25,1

Tabela 4.12.

Avaliação da classificação das propriedades dos tecidos para calçado

N.º Amostras de tecido	Carga de rutura dos fios, N		Resistência à água, mm. coluna de água, mm. coluna de água .	[32]Resistência do ar, cm / cm seg	Resistência ao desgaste, ciclos	Rigidez, mn/cm^2	Capacidade de humidade, %	Soma das pontuações de classificação
	Os nova	patos						
1.	2	3	3	2	1	3	2	16
2.	1	1	1	4	1	1	4	13
3.	4	2	2	3	1	2	3	17
4.	3	4	4	1	1	4	1	18

De acordo com os resultados da classificação, a segunda amostra, que tem a menor soma de classificações, é reconhecida como a melhor. Esta amostra é recomendada como amortecimento (palmilhas) para calçado.

CONCLUSÃO

Desenvolve-se um meio leno para reduzir a tensão dos fios de stockinette no momento da transição dos olhos leno em relação aos fios de stockinette. Propõe-se o método de cálculo do trabalho para cada fio no âmbito da relação do tecido. São desenvolvidas e trabalhadas as variantes de amostras de tecidos falsamente abertos, nas quais se mostra que o aumento do número de cruzamentos de fios dentro do rapport leva ao aumento do trabalho dos fios da teia e da trama no tecido. A tensão da produção de tecidos falsamente abertos nas máquinas depende do tipo de fio de trama. No processamento da trama de capron, este índice aumenta em 10-12% em relação à trama de algodão. O acabamento na urdidura aumenta e na trama diminui quando a densidade linear do fio de trama aumenta de 20 tex para 60 tex e a tensão de enchimento aumenta de 5 cN. para 30 cN. por fio ao colocar a trama de capron. O rendimento da urdidura diminui e o rendimento da trama aumenta quando a tensão de enchimento dos fios de urdidura é alterada de 6 cN para 21 cN de um único fio. O carácter da alteração do rendimento do fio obtido analiticamente e experimentalmente é idêntico. As discrepâncias dos valores absolutos do tempo de trabalho são causadas por modos tecnológicos, não tidos em conta nos cálculos analíticos. É efectuado o cálculo técnico do tecido e é escolhido o processo tecnológico racional de preparação da produção de falsos tecidos a céu aberto. Com o aumento do número de transições de fios dentro do rapport, a carga de rutura na base e na trama, a abrasão do tecido aumenta e a permeabilidade ao ar do tecido diminui. A trama Capron no tecido aumenta a carga de rutura na trama, o alongamento de rutura na trama e a permeabilidade ao ar do tecido, mas reduz a abrasão do tecido. Recomenda-se a utilização de um tecido falsamente aberto da variante II, que apresenta bons indicadores físico-mecânicos, higiénicos e de consumo das propriedades dos tecidos falsamente abertos, para a parte superior do calçado. Foi desenvolvido o modelo matemático da rutura dos fios principais em função dos seus parâmetros, nomeadamente da tensão dos fios principais, do tamanho do couro cabeludo e da posição do couro cabeludo em relação ao esterno. Foi efectuada a seleção dos intervalos e dos valores dos factores para cinco níveis de variação, tendo em conta as possibilidades tecnológicas de enchimento da máquina. A estimativa dos resultados da investigação foi realizada com a ajuda dos critérios de Smirnov-Grabs, Kochren, Fisher e Student. Com base no modelo matemático recebido, a estimativa da experiência tecnológica foi realizada com a ajuda de fatias Nos teares para a produção de tecidos falsamente abertos, recomenda-se o estabelecimento de parâmetros óptimos: tensão dos fios principais - 20 cN (em 1 fio); valor do passo para trás - 15 mm; posição da escama em relação ao peito - (+25) mm. Com estes valores de parâmetros, a rotura dos fios principais não excederá 0,05 rotura por 1 m. Para além disso, esta combinação de parâmetros tecnológicos permite preservar melhor as propriedades de resistência do fio no tecido. Desenvolve-se uma nova estrutura de palmilhas com propriedades terapêuticas, selecionam-se os parâmetros da estrutura dos tecidos para calçado. Desenvolveu-se um algoritmo e um programa para o cálculo de tecidos para calçado com uma determinada espessura. Com o aumento da densidade média do tecido, a densidade geométrica diminui hiperbolicamente e a densidade tecnológica aumenta linearmente. Com o aumento do diâmetro médio do fio, a altura da onda de flexão e a espessura do tecido aumentam linearmente. São desenvolvidas amostras experimentais de tecidos para calçado e são investigadas as suas propriedades físico-mecânicas e higiénicas.

Com base nas pontuações de classificação, a segunda amostra de tecido para calçado foi recomendada como palmilha.

LITERATURA

1. HANDBOOK OF YARN PRODUCTION Technology, science and economics P R Lord, NCSU, USA 504 páginas 244 x 172mm hardback julho de 2003.

2. WELLINGTON SEARS HANDBOOK OF INDUSTRIAL TEXTILES Editado por S Adanur Ars Textrina A Journal of Textiles and Costume, Winnipeg, Canadá TS 1300 A77.

3. Patra, A.K. e Pattanayak, A.K. (2015) Novas variedades de tecidos de ganga. Em: Paul, R., Ed., Denim fabric, Woodhead Publishing Limited, Cambridge, 483-506.

4. Elmogahzy, YE (2020) Caraterísticas de desempenho dos têxteis tradicionais: produtos de ganga e vestuário desportivo. In: Elmogahzy, YE, Ed., Engineering Textiles, Elsevier, Amesterdão, 319-346.

5. Islam S., Parveen F., Urmi Z., Ahmed S., Islam S. Investigação de soluções para a poluição ambiental e os problemas de saúde dos trabalhadores causados pelas operações de fabrico de têxteis. Jornal Internacional de Pesquisa Têxtil. 2020; 2: 1-21.

6. Islam S., Parvin F., Urmi Z., Ahmed S., Arifuzzaman M., Yasmin J., et al. Investigação dos benefícios para a saúde humana, propriedades de conforto humano e efeitos ambientais de fibras têxteis naturais sustentáveis. Jornal Europeu de Fisioterapia e Investigação em Reabilitação. 2020; 1: 1-24.

7. Kadirova D.N., Daminov A.D., Rahimhodjaev S.S., Tecnologia de produção de cintos técnicos e o estudo de suas propriedades. Scoups,2019/ 549-552

8.Martynova A.A., Vlasova N.A., Slostina G.L. Livro didático para estudantes de universidades/. - M.: Izd. MSTU,1999/ 343str.

9 . Novikov N.G. Sobre a estrutura do tecido e seu design por meio do método geométrico// Indústria têxtil. 1946,№2,4,5,6,11.C.42.

10 A.D. Daminov. Sobre a topologia da interposição de fios de teia e de trama em sobreposições de tecelagem No.3.2003.

11 A.D. Daminov. Sobre a dependência do coeficiente de tecelagem da ordem da estrutura do tecido fase No.4.2004 p.26.

12 Nikolaev S.D. Previsão dos parâmetros tecnológicos do fabrico de tecidos de uma determinada estrutura e desenvolvimento dos seus métodos de cálculo. Doutoramento em Ciências Técnicas - M., MTI, 1989.

13 Khamraeva S.A. Aumento da resistência ao desgaste dos tecidos através da otimização dos parâmetros da sua formação. Resumo da dissertação do autor....-doutor em ciências técnicas - Tashkent, TITLP, 2010.

14 . Vlasov P. V. "Normalização do processo de tecelagem" Moscovo, L. I., 1982.

15 Rakhimkhodjaev S.S. et al. Investigação analítica do processamento de fios de tecidos para calçado com trama de falso-jornal. No.1.2007 p. 54.
16 Rakhimkhodjaev S.S. et al. Influência de alguns parâmetros na estrutura dos tecidos de falso-jornal. No.2.2007 pp. 34.
17 . Kadirova D.N., Daminov A.D.,Rahimhodjaev S.S., Tecnologia de produção de cintos técnicos e o estudo das suas propriedades. Scoups,2019/ 549-552.
18 Tsybik-Dorzhieva A.. V. Estimativa da tecnologicidade dos fios no fabrico de tecidos de várias tecelagens. Autoref... do Cand. das Ciências .Moscovo 2009.
19 Murad MM, Elshakankeri MH, Almetwalli A. A. Propriedades físicas e de tração de tecidos de algodão com diferentes teores de spandex. J Am Sci 2012; 8: 567-72.
20 Gersak J, Sain D, Wiley B. Investigação dos fenómenos de relaxamento em tecidos que contêm fios de elastano. Int J Cloth Sci Technol 2005; 17:188-99.
21 Inozemtseva N. A. Desenvolvimento do método de conceção de tecidos na ordem dada da fase de estrutura. Avtoref. kand sciences .Moscovo - 2010.
22 . Kadirova D.N. Daminov A.D., Rakhimkhodjaev S.S. Tecnologia, conceção e parâmetros de tecidos técnicos. Monografia, 2020.
LAPLAMBERT ACADEMIC PUBLISHING, Maurícia. p-170.
23 Rakhimkhodjaev S.S., Kadyrova D .N. Bases teóricas do processo de Formação de tecidos. Livro de texto. Tashkent. TITLP. 2018.
24 . Bukaev P.T. Tecelagem de algodão. M., Legprombytizdat, 1987.
25 R.Meredith.Métodos físicos de investigação de materiais têxteis, M, Gizlegprom, 1963.
26 A.G.Sevostyanov "Métodos e meios de investigação de processos tecnológicos". M. Indústria ligeira. 1980 г.
27 . Raximxodjaev S.S , D.N.Qodirova To'qima loyialashning zamonaviy usullari. Darslik.-T.: Adabiyot uchqunlari. 2018-144b.
28 Ortikov O.A., Rasulov H.Y., Kadirova D.N., Rakhimkhodjaev S.S. Otimização da tensão do fio em teares com microespaçadores // Monografia, 2017. LAPLAMBERT ACADEMIC PUBLISHING, Maurícia. p-224.
29 . HANDBOOK OF WEAVING Editado por S Adanur, Departamento de Engenharia Têxtil, Universidade de Auburn, EUA 440 páginas 543 figuras 68 tabelas 254 x 176mm capa dura 2000.
30 Rasulov, S.S.Rakhimkhodjaev. Investigação analítica de uma tensão dos fios de teia para o ciclo de trabalho do tear. Revista Internacional de Investigação Avançada em Ciência, Engenharia e Tecnologia. Vol.5, Edição 10, outubro de 2018. - pp. 7001-7005.

31 Aoki M. Introdução aos métodos de otimização. M., 1997.
32 Nogin V. D., Protodyakonov I. O., Evlampiev I. I. Fundamentos da teoria da otimização. M., 1986.
33 Moiseev N. N. N., Ivanilov Y. P., Stolyarova E. M. Métodos de otimização. M. Métodos de otimização. M., 1978.
34 Rekleitis G., Reivindran A., Ragsdell K. Otimização em engenharia. M., 1986 (em 2 livros).
35 Ventzel E. S. Investigação Operacional: Problemas, Princípios, Metodologia. M., 1988.
36 .GOST 19196-73. Tecidos para calçado de algodão. Parte 1 M., I.S. 1978.
37 Park Jae-woo et al. Tratamento de Su jok na mão e no pé. Minsk. Interfair, 1993.
38 Rakhimkhodjaev S.S., Kadyrova D.N. Modern methods of fabric design. TITLP, Tashkent, 2006.

Printed by Books on Demand GmbH, Norderstedt / Germany